MÉMOIRE

RELATIF A LA CRÉATION

D'UNE

FACTORERIE IMPÉRIALE

OU CENTRALE

QUI SE CHARGERAIT D'ÉDIFIER A SES FRAIS, RISQUES ET PÉRILS

MOYENNANT UNE CONCESSION

UN MARCHÉ A BESTIAUX, — UN ABATTOIR UNIQUE

ET AUTRES DÉPENDANCES

DANS L'ENCEINTE DE PARIS

« Les progrès de l'agriculture doivent être un des
» objets de notre constante sollicitude, car de son
» amélioration ou de son déclin datent la prospérité
» ou la décadence des empires. »

(*Discours du Trône du 16 février 1857.*)

« Chaque année de la vie d'un peuple ou d'une
» ville révèle de nouveaux besoins auxquels il faut
» pourvoir. »

(*Mémoire du Sénateur Préfet de la Seine, 15 juin 1860.*)

Projet présenté le 15 janvier 1851 par son auteur

L. GIRARD

PARIS

IMPRIMERIE CENTRALE DES CHEMINS DE FER

DE NAPOLÉON CHAIX ET Ce,

Rue Bergère, n° 20, près du boulevard Montmartre.

1860

SOMMAIRE DE LA PREMIÈRE PARTIE.

CE QU'ON DEMANDE—CE QUI S'EST FAIT—CE QUE NOUS PROPOSONS.

Ce que demandent l'agriculture, la consommation et les petits bouchers débitants de viande depuis la loi des 2 *et* 17 *mars* 1791, 14 *et* 17 *juin de la même année.*

Motifs invoqués par la production, les intermédiaires et la consommation, en faveur d'une réforme dans le mode suivi jusqu'ici pour la vente des animaux et des viandes de boucherie.

Ce qui s'est fait depuis cette époque à l'encontre de ce que réclamaient ces trois grands intérêts communs ou **rivaux** *au profit des puissants spéculateurs, chevillards et autres, exposé à S. M. l'Empereur par S. Exc. le ministre de l'agriculture dans le rapport qui précède le décret impérial du* 24 *février* 1858 (1).

Ce que nous proposons de faire depuis le 15 *janvier* 1851 (2) *comme étant la réalisation des vœux formulés par tous les intéressés producteurs, consommateurs et petits détaillants depuis* 1791, *date mémorable qui leur a donné le droit d'exprimer leur opinion* (3).

Voies et moyens de ce que **nous** *proposons de faire depuis le 15 janvier 1851.*

Résultats économiques obtenus et à obtenir dans l'intérêt de la sécurité de tous.

LÉGENDE EXPLICATIVE *des planches et des tableaux relatifs à la partie économique du projet; et des cartes et des dessins relatifs à la partie topographique et architecturale, réunis dans l'album qui est en ce moment entre les mains du pouvoir et de l'autorité administrative.*

Notes venant à l'appui de ce que nous proposons de faire.

ERRATA.

Page 3, note 2, ligne 1, au lieu de *feuille* 3, lisez *feuille* 5.
Page 4, ligne 1, au lieu de *avril*, lisez *août*.
Page 26, ligne 14, au lieu de *pour la viande*, lisez *pour mettre la viande*.
Id. ligne 26, au lieu de *plan du type*, lisez *plan type*.
Page 31, note 1, au lieu de 9 *et suivantes*, lisez 16 *et suivantes*.
Page 38, ligne 24, au lieu de *M. oulay*, lisez *M. Boulay*.
Id. ligne 30. Cette ligne est une note de la page 16, huitième alinea.
Page 41, ligne 31, au lieu de *un* sécurité, lisez *une* sécurité.
Id. ligne 37, au lieu de *exercés*, lisez *énoncés*.
Page 44, ligne 20, au lieu de *abattage*, lisez *abatage*.

d'ordonnance, et le texte
us proposions en 1851, et
réalisation de tout ce qui

s publiés en 1856 sur la
e; au rapport de M. Bou-
préfectures, aux *Consom-*
ıémoire du syndicat de la
e rurale, de M. Léonce de
marché; à l'*Histoire de la*
ux articles quotidiens de
Gasparin, Léopold Duras,
ancey, Baudement, Payen
ribière, F. Prévost, Tour-
urdier, M. Block, Legoyt,
:, et à la pétition adressée

SOMMAIRE DE LA PREMIÈRE PARTIE.

CE QU'ON DEMANDE — CE QUI S'EST FAIT — CE QUE NOUS PROPOSONS.

Ce que demandent l'agriculture, la consommation et les petits bouchers débitants de viande depuis la loi des 2 et 17 mars 1791, 14 et 17 juin de la même année.

Motifs invoqués par la production, les intermédiaires et la consommation, en faveur d'une réforme dans le mode suivi jusqu'ici pour la vente des animaux et des viandes de boucherie.

Ce qui s'est fait depuis cette époque à l'encontre de ce que réclamaient ces trois grands intérêts communs ou **rivaux** *au profit des puissants spéculateurs, chevillards et autres, exposé à S. M. l'Empereur par S. Exc. le ministre de l'agriculture dans le rapport qui précède le décret impérial du 24 février* 1858 (1).

Ce que nous proposons de faire depuis le 15 *janvier* 1851 (2) *comme étant la réalisation des vœux formulés par tous les intéressés producteurs, consommateurs et petits détaillants depuis* 1791, *date mémorable qui leur a donné le droit d'exprimer leur opinion* (3).

Voies et moyens de ce que **nous** *proposons de faire depuis le 15 janvier 1851.*

Résultats économiques obtenus et à obtenir dans l'intérêt de la sécurité de tous.

LÉGENDE EXPLICATIVE *des planches et des tableaux relatifs à la partie économique du projet; et des cartes et des dessins relatifs à la partie topographique et architecturale, réunis dans l'album qui est en ce moment entre les mains du pouvoir et de l'autorité administrative.*

Notes venant à l'appui de ce que nous proposons de faire.

---

(1) Le lecteur est prié de voir également la note de la page 31 et suivantes.

(2) Nous avons mis en regard, feuille 3, le texte de notre proposition de décret ou d'ordonnance, et le texte du décret impérial du 24 février 1858, afin que le lecteur puisse comparer ce que nous proposions en 1851, et ce qui s'est fait imparfaitement en 1859. Tout ce que nous proposons n'est donc *que la réalisation de tout ce qui a été demandé et réclamé depuis soixante-neuf ans.*

(3) Nos chiffres et nos faits sont empruntés :

Au *Traité de la police* de Delamarre ; à l'enquête législative de 1851 ; aux documents publiés en 1856 sur la question de la boucherie, par le ministère de l'agriculture ; à la statistique de la France ; au rapport de M. Boulay (de la Meurthe); aux mémoires, documents et rapports faits et fournis par les deux préfectures ; aux *Consommations de Paris*, de M. A. Husson, chef de division à la préfecture de la Seine ; au mémoire du syndicat de la boucherie; aux mémoires de la Société impériale de médecine vétérinaire; à l'*Economie rurale*, de M. Léonce de Lavergne, à l'*Histoire d'un grain de blé*, de M. L. Millot ; à M. Delamarre, *la Vie à bon marché;* à l'*Histoire de la boucherie*, de M. Bizet ; aux *Mystères de la boucherie*, de M. Blanc; aux ouvrages ou aux articles quotidiens de MM. Chaptal, Sznitzler, Royer, Dupin, Moreau de Jonès, Tapiès, Lubersac, Kracsac, Gasparin, Léopold Duras, Rubichon, Benoiston de Châteauneuf, Michel Chevalier, Courselle-Seneuil, Henri de Riancey, Baudement, Payen Pommier, Paul Coq, V. Borie, J. Valserres, Vitu, J. Burat, Camus, Labiche, Babaud-Laribière, F. Prévost, Tourdonnet, Béhague, Kergorlay, Chevreul, Magendie, Edwards, Liébig, Pelouze, Dumas, Jourdier, M. Block, Legoyt, Chemin-Dupontès, F. Rohart, Barral, Lecouteux, Moll, Boussingault, Dupeyrat, Joigneaux, et à la pétition adressée à S. M. l'Empereur, en 1855, par les producteurs et engraisseurs de bestiaux.

CE QU'ON DEMANDE.

On sait ce qu'était le peuple français avant la séance du 4 avril 1789.

On sait ce qu'étaient l'agriculture, la manufacture, l'industrie et le commerce, avant la loi des 2 et 17 mars 1791, qui donna à chacun la liberté de tout dire et de tout faire, sauf le mal.

Aussi l'agriculture et la consommation profitèrent-elles de cette liberté, pour établir et faire signaler au pouvoir que, sous le prétexte d'assurer l'approvisionnement des consommateurs urbains, les producteurs et les consommateurs étaient depuis cinq cents ans (1) l'objet des spéculations occultes de la corporation des bouchers, et qu'il y avait lieu de procéder à une réforme économique qui, sans toucher au principe de liberté proclamé, donnerait satisfaction aux intérêts de la production, de la consommation et des intermédiaires (bouchers ou autres) dont l'utilité serait reconnue.

L'agriculture fait signaler chaque année par ses interprètes près du pouvoir, que son état d'infériorité relative au point de vue du bien-être de la famille, de l'émigration, du progrès agricole, de la production d'animaux de boucherie, et enfin des engrais, source de tous ses produits, n'a d'autre cause que les parasites intermédiaires dont elle est tributaire, lesquels profitent de son isolement et de son ignorance des cours sur les marchés généraux pour lui acheter ses produits à des prix généralement non rémunérateurs, pour ensuite venir les revendre aux consommateurs urbains, grevés de 100, 200 et 300 0/0 du prix payé au départ.

Depuis la même époque, la consommation se plaint que le bétail, dont la vente sur pied sur nos marchés actuels d'approvisionnement ne fait encaisser au producteur que 0.79,32 par kilog., ne lui parvient à elle consommation qu'au prix moyen de 1.81 le kilogr., à cause des frais et des bénéfices occultes que s'attribuent les intermédiaires.

De son côté la science établit et constate, par l'organe de MM. Boussingault, Payen et autres, que la ration journalière nécessaire à chacun de nous, doit être de 286 grammes de viande sans os, tandis qu'à Paris même, nous n'arrivons qu'à 163 grammes, ce qui fait même pour Paris une différence de 123 grammes sur la ration normale de chaque individu.

Finalement, les bouchers détaillants ont demandé, et demandent encore, non pas la suppression du mode de vente de la viande à la cheville, en gros et demi-gros qui facilite l'approvisionnement de leur étal, suivant les besoins de leur quartier et de leur clientèle ; mais ils demandent la suppression des trente-huit ou cinquante-cinq chevillards, dont l'accaparement, la spéculation et la domination s'étendent depuis les points les plus éloignés de nos départements producteurs ou engraisseurs jusqu'à la capitale, où leur puissance

(1) Rapport de M. Périer, du conseil municipal, 14 septembre 1855.

financière les rend maîtres absolus des petits détaillants, sur les marchés, aux abattoirs, dans les ventes amiables, à la criée des Prouvaires, où ils écoulent impunément des viandes douteuses qui n'auraient pu entrer dans les abattoirs municipaux où leurs opérations se confondent avec la criée qu'ils alimentent.

Maintenant, de ces dires pleins de vérité, reportons-nous aux passages plusieurs fois signalés dans le rapport fait à S. M. l'Empereur par S. Exc. le ministre de l'agriculture, où le ministre dit d'abord :

Les éleveurs et les consommateurs réclamèrent avec persévérance contre l'organisation des bouchers, qui rendait ceux-ci maîtres du prix des bestiaux sur les marchés et du prix de la viande à l'étal.

Et plus loin, après avoir constaté l'influence du système mixte proclamé par l'ordonnance du 12 janvier 1825 et celle du 18 octobre 1829, plutôt obtenue par l'influence des chevillards *blessés dans leurs intérêts fort actifs*, que dans un but d'intérêt général :

Les réclamations des bouchers devinrent plus vives, le public et les éleveurs ne cessèrent pas de se plaindre : le public, du prix élevé de la viande à l'étal comparativement au bas prix des bestiaux sur pied et de la viande dans les départements; les éleveurs, du bas prix des bestiaux sur pied comparativement au prix élevé de la viande à l'étal.

La conclusion à tirer de tout ce qui précède, est que l'organisation des chevillards est tout bonnement la ruine de la production, de la consommation et des petits détaillants.

Le rédacteur du *Siècle*, M. T.-N. Bénard (14 septembre 1857), a donc mille fois raison lorsqu'il dit :

« Ce ne sont pas les bouchers qui font la viande, ils se contentent de la *débiter*, et avec la meilleure volonté du monde, il nous est impossible de concevoir comment la réglementation du *débit* peut déterminer l'abondance et le bon marché. »

Comprendra-t-on donc enfin, après soixante-neuf ans, que la solution de la question de la *boucherie* est un contre-sens, un problème mal posé et naturellement mal résolu, puisque le principe est faux.

Car si, au départ, en 1802, on avait ainsi posé la question du problème à résoudre :

1° Faire le compte des producteurs comme principe;

2° Celui des intérêts de la ville;

3° Celui des intermédiaires utiles;

4° Celui de la consommation comme but;

On n'aurait pas eu la douleur de voir des hommes éminents, comme MM. Delavau, Labourdonnaye, Serieys de Meyrinhac, H. Boulay (de la Meurthe), G. Delessert, Carlier, Heurtier, Périer, Cornudet, tous ceux qui ont concouru à l'enquête législative de 1851, tant par la voie de la presse périodique que par d'autres brochures, user et passer leur temps précieux au service d'une mauvaise cause.

Et la postérité n'aurait pas à enregistrer et à constater ces lignes remarquables de

M. Périer, l'avant-dernier rapporteur, lignes qui resteront comme un monument des choses mal posées, naturellement mal comprises, et conséquemment mal résolues. Il dit :

« Il y a des questions qui, par une fatalité dont on a peine à se rendre compte, semblent destinées à être le sujet d'interminables discussions, et à ne jamais recevoir de solutions définitives et stables.

» De ce nombre est l'éternelle question de l'organisation du commerce de la boucherie de Paris.

» Depuis plus de cinq cents ans on l'examine, on la discute; on prend des délibérations, on rend des arrêtés, on publie des ordonnances et des décrets; et quand on croit avoir atteint le but qu'on se proposait, il arrive qu'à certaines époques, tous les quinze ou vingt ans à peu près, et toujours dans les moments de troubles, d'émeutes et de révolutions, quelques intérêts particuliers se remuent, s'agitent et viennent, au nom de l'intérêt général, essayer de détruire tout ce qui avait été décidé, et remettre en question ce qui avait été si souvent résolu.

» Si l'on en croit certaine chronique, qui paraît bien informée, c'est aujourd'hui la dix-huitième fois qu'on propose de remanier cette grande affaire de la boucherie de Paris (1). »

Plus tard, le savant rapporteur du conseil d'État, M. Cornudet, se trouve obligé de déclarer lui-même (page 28 de son rapport, qui, comme on sait, précéda le décret impérial du 24 février 1858) :

« Que s'est-il passé depuis l'ordonnance de 1829? La solution donnée à la question fut-elle acceptée? Nullement! La question n'a cessé d'être agitée, discutée, étudiée sous toutes ses faces depuis cette époque. »

A quoi cela tient-il? C'est que, comme l'a dit M. A. Bertin : Qui veut la fin doit vouloir les moyens.

Quels sont ces moyens? Est-ce l'organisation de la boucherie? Évidemment non, puisque les bouchers eux-mêmes réclament.

Donc, comme l'a dit M. Boulay (de la Meurthe), il y a certainement autre chose à faire. Ce quelque chose nous croyons l'avoir trouvé; nos juges en décideront.

---

(1) Rapport de M. Périer, 14 septembre 1855, page 1.

Motifs invoqués par la production, les intermédiaires et la consommation, en faveur d'une réforme dans le mode suivi jusqu'ici pour la vente des animaux et des viandes de boucherie.

Point de départ. 1791.	ESSAIS INFRUCTUEUX DE CONCILIATION : 68 ANS.	Solution certaine par le complément du décret impérial du 24 février 1858.

PRODUCTION.

« Les progrès de l'agriculture doivent être un des objets de notre constante sollicitude, car de son amélioration ou de son déclin datent la prospérité ou la décadence des empires. »

(Discours du Trône du 16 février 1857.)

« Une large production est sans doute la cause première du bon marché, mais elle n'est pas la seule : la facilité des transports doit y concourir; un mauvais système commercial pourrait le rendre impossible.

» La mission du gouvernement placé à la tête de cette nation prospère a été définie d'un mot par le chef de l'Etat : *Eclairer et diriger*, voilà son devoir, a dit l'Empereur. »

(Discours de S. Exc. M. Rouher, ministre de l'agriculture, au concours de Poissy, 8 avril 1857.)

« Le gouvernement a toujours pour boussole les intérêts de ces masses agricoles qui, par trois fois, ont acclamé l'Empereur, et sont la base inébranlable de son trône et de sa dynastie.

» *Là où domine une discussion loyale,* alors qu'il s'agit de dissiper *par la force de la vérité* des impressions défavorables, la lumière se produit facilement, la conciliation s'opère sans faiblesse. »

(Discours de S. Exc. le ministre de l'agriculture au concours de Poissy, le 20 avril 1859.)

« Améliorer la condition de tous, des classes souffrantes en particulier, par le développement de l'agriculture, cette vraie richesse de la France, celle dans laquelle elle n'a pas de rivale, parce que son admirable position la fait, au point de vue agricole, la prédestinée parmi les nations européennes, voilà ce que nous voulons. »

(Discours de S. A. I. le prince Napoléon à la SOCIÉTÉ D'ACCLIMATATION.)

« Pourquoi la production de la viande n'est-elle pas en France en rapport avec la population?

» Parce que nous n'avons pas d'animaux propres à la boucherie, parce que l'élevage et l'engraissement coûtent plus qu'ils ne rapportent. »

(Discours du ministre de l'agriculture en 1847.)

« La viande n'est pas seulement un objet de consommation, un aliment fortifiant et salubre ; le bœuf est un instrument de travail, et c'est même le plus puissant de tous pour l'agriculture.

» C'est le bétail qui fait le fumier, et le fumier, c'est la richesse de la terre. »

(M. Delamarre, *la Vie à bon marché*, page 351.)

« Qui veut la fin, viande, pain, doit vouloir les moyens, fourrage, fumier. En voici la preuve :

» 20 kil. de fourrage produisent	1 kil. de viande.
» 20 kil. de fourrage produisent	40 kil. de fumier.
» 40 kil. de fumier produisent	2 à 3 kil. de blé.
» 1 kil. de viande vaut	3 kil. de pain.
» L'Angleterre produit du fourrage pour nourrir	75 têtes de bétail sur 100 hect.
» Elle récolte en blé	25 hectol. sur 1 hectare.
» La France produit du fourrage pour nourrir	20 têtes de bétail sur 100 hect.
» Elle récolte en blé	12 hectol. sur 1 hectare.
» Une vache mal nourrie donne	2 litres de lait, paie 1 kil. de fourrage 2 centimes.
» Une vache bien nourrie donne	16 litres de lait, paie 1 kil. de fourrage 8 centimes.
» 1 hectare de trèfle peu fumé donne	2,000 kil. de fourrage.
» 1 hectare de trèfle très-fumé donne	8,000 kil. de fourrage.
» 1 hectare de blé peu fumé donne	14 hectol., paie 100 kil. de fumier 84 centimes.
» 1 hectare de blé très-fumé donne	40 hectol., paie 100 kil. de fumier 2 fr. 87 cent.

» L'accroissement de valeur d'un veau paie les 100 kil. de foin mangé, 8 fr. de six mois à un an, 2 fr. 94 d'un à deux ans, 1 fr. 30 de deux à trois ans.

» Donc le mal c'est l'insuffisance du *fumier ;* le remède, c'est la production du *fourrage*. Produire fourrage, fumier, c'est produire bétail, grain ; c'est mettre les bœufs devant la charrue, faire bon emploi de son argent, sortir notre agriculture de son infériorité, entrer dans la voie de la vérité, de la richesse.

(M. A. Bertin, *Moniteur industriel*, 29 mars 1859.)

« Il résulte des chiffres officiels recueillis à la préfecture de police que, de 1820 à 1855, les bouchers ont payé, en moyenne, la viande nette (bœuf, vache, veau et mouton), vendue sur pied aux marchés de Sceaux et de Poissy, à raison de 1 fr. 05 c. le kilogramme.

» A ce prix, non-seulement les producteurs n'ont réalisé aucun bénéfice, mais encore ils ont perdu 2 centimes par kilogramme de viande vendue. C'est de l'argent qui est sorti de leur poche pour aller se loger dans celle d'autrui.

» On se plaint de la lenteur des progrès agricoles en France.

» Je me demande comment il se fait que l'agriculture n'est pas complétement ruinée.

» Est-il possible de changer cet ordre de choses ?

» Je répondrai hardiment : Oui. »

(M. V. Borie, *Question du pot-au-feu*, page 29.)

CONSOMMATION.

« Si vous voulez connaître un peuple, interrogez son hygiène, et partout où vous trouverez une alimentation saine et abondante, vous rencontrerez une somme égale de santé, de force et de vertu. A Dieu ne plaise que nous exagérions ce principe d'économie sociale, et que nous fassions consister uniquement le bonheur dans la satisfaction des appétits physiques; mais n'est-il pas incontestable que le bien-être a une influence immense sur la constitution morale des individus.

» L'intelligence, aussi bien que la vigueur corporelle, dépend du régime alimentaire, et s'il n'est pas exact de dire que les peuples les mieux repus sont les plus heureux, il est permis d'affirmer que la faim inassouvie, en dégradant l'homme sous le rapport physiologique, exerce une influence funeste sur ses penchants moraux : *Malesuada fames*, a dit avec raison le poëte. »

(LÉOPOLD DURAS.)

« Le premier des livres, la *Bible*, nous montre le peuple juif souvent révolté contre Moïse, et toujours la révolte est engendrée par la disette.

» Chez tous les peuples il en fut ainsi. En France, les trois révolutions de **1789**, **1830** et **1848**, ont été préparées par les disettes des mêmes époques.

» La question des subsistances a, de tout temps, été à l'ordre du jour chez tous les peuples. »

(M. DELAMARRE, député, *la Vie à bon marché*, page 108.)

« De tout ce qui précède, il résulte que si Napoléon n'a pas eu d'émeutes d'ouvriers à réprimer pendant son règne, c'est qu'il a pris soin de les prévenir, convaincu, comme il le disait, qu'il n'est pas de gouvernement si craint et si admiré que la faim ne puisse mettre en danger. »

(*De la Condition des ouvriers de Paris, de* 1789 *jusqu'en* 1841, page 114.)

« La France ne consomme pas; faire qu'elle consomme, voilà le problème qu'il faut résoudre. « Ce n'est pas le luxe qu'il faut protéger, c'est l'aisance qu'il faut répandre, » disait Sully. »

(M. ÉMILE DE GIRARDIN, l'*Impôt*, pages 176 et 183.)

Ration nécessaire par individu, 286 gr. par jour (M. PAYEN, de l'Institut).	Ration anglaise,	224 gr.,	donnant par an et par individu,	82 k.
	Ration française,	57 gr.	— —	20
	Ration parisienne,	163 gr.	— —	59 k. 5 gr.
	Population des étables anglaises, 77 millions de têtes de bétail.			
	— françaises, 48 — —			

« Il faut à l'homme 300 grammes de viande par jour pour maintenir l'équilibre entre la force acquise et la force dépensée.

» Le Parisien ne consomme, en moyenne, que 163 grammes de viande;

» Le Français n'en consomme que 57 grammes.

» Ceux qui ne peuvent parvenir à compléter leur ration quotidienne trompent leur estomac avec du pain, du riz, des pommes de terre, des châtaignes, etc. On appelle cela tromper; comme si l'estomac s'y laissait prendre! Qui trompe-t-on ici? Votre estomac ne vous rendra, croyez-moi, que ce que vous lui aurez prêté.

» Les 163 grammes représentent la consommation moyenne d'un ouvrier à Paris.

» Les 57 grammes représentent la consommation moyenne d'un paysan en France.

» Un ouvrier parisien consomme trois fois plus de viande qu'un paysan ; il fait trois fois plus d'ouvrage.

» C'est un fait incontestable. »

(M. V. Borie, *Question du pot-au-feu*, page 7.)

« Pourquoi payons-nous 2 fr. le kilogramme, à Paris, la viande que l'on paie 1 fr. à cinquante lieues des fortifications ? »

(Ad. Joanne.)

« Le prix du bœuf, qui était, en 1820, de 55 à 60 centimes le demi-kilogramme, et qui ne montait pas à plus de 70 centimes en 1841, s'est successivement élevé jusqu'à 1 fr et plus dans ces dernières années. C'est là, tout le monde le reconnaît, une augmentation très-lourde pour la masse des consommateurs. Mais quelle en est la cause ? C'est ce qu'on ne se donne guère, en général, la peine de rechercher. »

(M. J. Burat, *Constitutionnel*, 27 août 1857.)

« Si la logique n'est pas un vain mot, on doit conclure de ce qu'on vient de lire qu'il faut trouver les moyens d'élever le prix des bestiaux sur les marchés. »

(*Mémoire du syndicat de la boucherie*, page 67.)

« Si la moitié seulement des Français mangent du froment, la cause n'est pas difficile à trouver : c'est que la France n'en produit pas assez pour tout le monde ; il faut de toute nécessité que l'autre moitié se nourrisse de seigle, d'orge, de maïs et de sarrasin, parce qu'il n'y a pas autre chose. Arrangez les salaires comme vous voudrez, vous ne changerez rien à l'alimentation moyenne, tant qu'il n'y aura pas un grain de froment de plus.

» *En fait de viande*, nous ne produisons que le tiers environ de ce qui nous serait nécessaire pour donner à chacun sa demi-livre par jour. La conséquence est forcée : un tiers seulement de la population peut en avoir assez. »

(M. Léonce de Lavergne, *Revue des Deux Mondes*, page 563.)

« Si une expérience de plus d'un demi-siècle, fondée tantôt sur la liberté, tantôt et plus souvent sur le monopole, *n'a pu résoudre cette importante question de la viande à bon marché*, qui pèse sur certaines époques, comme une des plus pressantes nécessités sociales, on ne peut évidemment en accuser que l'insuffisance des moyens pratiqués jusqu'à ce jour, *et il faut* bien dès lors *chercher dans un autre ordre d'idées* UNE SOLUTION si opiniâtrément refusée par les expériences et les traditions du passé. »

(*Les Mystères de la boucherie* par E. Blanc, page 138.)

M. de la Bourdonnaye, ministre de l'intérieur, caractérisait la liberté, dans le rapport qui procède l'ordonnance royale du 18 octobre 1829 :

« De quelque manière que l'on considère le système, on est forcé de reconnaître qu'il a trompé toutes les espérances de l'administration ; qu'il a jeté une funeste perturbation dans le commerce de la boucherie de Paris ; qu'il y a créé une sorte de monopole au lieu d'y introduire une plus grande concurrence ; qu'il a nui à l'engrais, porté préjudice aux herbagers et suscité leurs plaintes, en même temps que celles des bouchers ; qu'il a dénaturé l'approvisionnement de la capitale, enlevé à la classe aisée la faculté de se procurer la même viande qu'autrefois, et réduit la classe pauvre à payer plus cher une nourriture moins saine. »

« La liberté de la boucherie compte si peu de partisans parmi les spécialistes, que les deux économistes qui, dans ces derniers temps, ont le plus vivement frappé l'opinion publique par leurs écrits, M. V. Borie et M. E. Blanc, ne veulent ni l'un ni l'autre du régime de liberté. »
(M. A. Vitu, *Pays*, 26 novembre 1857.)

« *Nous voulons que le commerce de la boucherie soit libre*, mais nous ne voulons pas que l'on soit libre de nous empoisonner. »
(M. V. Borie, *Siècle*, 13 août 1857.)

liberté et la salubrité des viandes (1). 84 condamnations correctionnelles.

» Le tribunal de police correctionnelle a prononcé, en 1858 :

22	condamnations	pour vente de viande corrompue ;
6	—	pour vente d'animaux morts naturellement ;
171	—	pour vente de veaux trop jeunes ;
85	—	pour contravention ou tromperie.
284	condamnations.	

» L'interdiction absolue de laisser entrer des viandes par les cinquante-sept barrières n'est point une limitation de la liberté ; c'est, au contraire, une mesure qui doit sauver la liberté en garantissant la sécurité publique.

» L'abattoir, rendu obligatoire pour tous les bouchers sans exception (réguliers ou forains), suppose implicitement cette interdiction. Par cette mesure, on calme les esprits que la liberté pourrait effrayer, et on assure l'inspection sérieuse, sincère, des viandes que Paris doit consommer. »
(M. V. Borie, *Siècle*, 13 août 1857.)

aintien du prix de la viande pour la consommation de Paris.

« Lors de la suppression du monopole, nous émettions des doutes sur les résultats à espérer de cette mesure. Nous disions que, par l'impossibilité où elle se trouve de connaître le prix de revient de la viande, *la ménagère* serait toujours à la discrétion du boucher : eh bien ! notre prévision n'a point tardé à se réaliser : des plaintes nombreuses nous arrivent de toutes parts sur les prétentions exagérées des étaliers.

» Dans plusieurs quartiers, on vend le bœuf, 1re catégorie, de 1 à 1 fr. 20 le demi-kilo. Un instant, on a fait courir le bruit que la hausse allait être générale.

» Ainsi, depuis la suppression du monopole, le prix de la viande s'est élevé dans les étaux.

Les chevillards.

» **La suppression des marchés obligatoires a produit un phénomène qu'il importe de signaler.** *Nous voulons parler d'oscillations très-grandes dans les cours réels, d'une semaine à l'autre.* Les marchés obligatoires avaient l'avantage de concentrer tous les bestiaux sur un même point. Les exigences de la consommation connues, on voyait d'un coup d'œil si ces envois étaient suffisants, et les cours se fixaient en conséquence. D'un autre côté, les éleveurs, tenus au courant du chiffre des arrivages et des renvois, pouvaient, d'après ces documents, fixer leurs expéditions. Aujourd'hui, aucune de ces garanties n'existe. Si, durant une semaine, les bouchers ont fait entrer dans les abattoirs un grand nombre de bestiaux, les transactions seront moins actives sur les marchés et les prix baisseront considérablement ; si, au contraire, on n'a rien fait entrer pendant la semaine, les mercuriales hausseront. Or, les différences d'un marché à l'autre tourneront au détriment des éleveurs, qui se dégoûteront bientôt et finiront par déserter Sceaux et Poissy. A un moment donné, l'approvisionnement de la capitale pourrait donc se trouver compromis. Il n'en serait pas de même s'il existait aux barrières un marché obligatoire. Les cours n'auraient plus à redouter

(1) Voir les opinions contradictoires des savants, et des hommes compétents sur la question, page 31.

les oscillations brusques, nuisibles à la fois au producteur et au consommateur, et dont les bouchers seuls doivent profiter.

» La proclamation de la liberté et la suppression de la caisse de Poissy ont donné un nouvel entrain au commerce à la cheville. **Les chevillards** approvisionneront bientôt les trois quarts des étaux citadins. Est-ce bien là ce qu'a voulu le décret du 24 février? Nous ne le pensons pas, quant à nous. Ce décret entendait supprimer une partie des intermédiaires qui renchérissent le prix de la viande. Au nombre de ces intermédiaires figuraient les **chevillards**. Pourquoi donc les chevillards sont-ils plus triomphants que jamais?

Le monopole, la liberté.

» En somme, la suppression du monopole n'a point amélioré la position du consommateur parisien. Depuis lors, il s'est manifesté sur le bétail une baisse considérable, et cependant, loin de diminuer, la viande n'a fait que renchérir dans les étaux. Cette situation anormale est-elle donc sans remède? Le remède, nous l'avons déjà indiqué dans divers articles. Pour que notre pot-au-feu puisse diminuer, il faut·

» 1° Établir une boucherie municipale (ou vente en gros à la criée de l'abattoir central) qui publie chaque semaine (chaque jour) le prix réel de la viande, afin que le consommateur ait un terme de comparaison;

» 2° Créer un marché unique et obligatoire aux barrières pour prévenir les oscillations trop fréquentes dans les mercuriales, ce qui dégoûterait les éleveurs;

» 3° Rendre le factorat aux bestiaux obligatoire, non-seulement pour les animaux sur pied, mais encore pour les ventes à la cheville.

» Tant que ces mesures ne seront pas prises, les Parisiens continueront à être les victimes des bouchers. »

(M. JACQUES VALSERRES, *Presse*, 3 mai 1858.)

Prix moyen du kilog.:
à Paris . . . 1 81
à Orléans . . » 68

« Pendant qu'à Paris on paie le kil. de viande au prix moyen de 1.81 toutes les catégories, depuis le filet valant 4 fr. le kilo, jusqu'à la paillasse valant 0,60 c. le kil. pour faire du bouillon, les hospices d'Orléans ont adjugé leurs fournitures à 0,68 et 0,69 centimes le kil.; à Saint-Etienne, un fabricant qui s'est fait boucher a pu livrer moyennant 19 cent. le demi-kilo d'excellente viande. Un ancien boucher, propriétaire près d'Evreux, a fait abattre son bétail et l'a vendu aux ménagères, le bœuf gras à raison de 0,90 le kil., et le mouton à 1 fr. le kil. Une fermière des environs de Saint-Etienne, qui n'a pas voulu céder une vache à vil prix, l'a fait abattre et l'a vendue de 10 à 15 centimes le demi-kil. A Nontron (Dordogne), un boucher réformiste a vendu du veau à raison de 0,25 c. le demi-kil.; il a réalisé ainsi un bénéfice de 23 0/0; au cours du commerce, il aurait gagné 74 0/0. A Châteauroux, un boucher a réduit le bœuf à 40 et 45 centimes le demi-kilo; à la Châtre, le maire, M. Richeau, fit acheter à deux marchés consécutifs des animaux qu'il fit abattre, et dont les viandes furent vendues aux consommateurs à raison de 60 et 70 centimes le kil. pour les morceaux de première qualité. Ces mêmes morceaux étaient vendus de 1 fr. à 1 fr. 10 c. par les bouchers. Dans le prix de revient, le maire aurait tenu compte de toutes les dépenses accessoires, et néanmoins il offrait une *réduction de 0,40 centimes* par kilogramme. Au cours des bouchers, ceux-ci gagnaient plus de 100 fr. par tête de bœuf, ce qui est énorme. »

On lit page 23 du Mémoire présenté par la boucherie de Paris en 1850 :

« Selon la chambre de commerce de 1822, sur un bœuf de 400 kil., le boucher gagne 160 francs. La moyenne des prix indiqués au deuxième paragraphe de la page 43 du document fourni par la préfecture de police, en juin 1851, est à 1 fr. 80 c. le kilo.

« Ce ne sont pas les bouchers qui font la viande, ils se contentent de la *débiter*, et avec la meilleure volonté du monde, il nous est impossible de concevoir comment la réglementation du *débit* peut déterminer l'abondance et le bon marché. »

(M. T.-N. Bénard, *Siècle*, 14 septembre 1857.)

Opinion générale sur la création d'une factorerie centrale.

« L'institution d'une factorerie, servant d'intermédiaire au producteur qui veut vendre sa bête et au boucher qui veut l'acheter, n'est point une limitation de la liberté, c'est, au contraire, le complément nécessaire de cette liberté.

» La liberté de la boucherie n'est possible qu'avec l'établissement d'une factorerie. »

(M. V. Borie, *Siècle*, 4 septembre 1857.)

CE QUI S'EST FAIT.

Le rapport de S. Exc. M. Rouher à S. M. l'Empereur, rapport qui précède le décret impérial du 24 février 1858, établit en termes modérés dans le deuxième paragraphe, ce qui se passa pour les viandes de boucherie, pendant les neuf années qui séparent la loi des 2 et 17 mars 1791, au 13 décembre 1799, où Bonaparte fut nommé premier consul, et du 1er janvier 1800, époque à laquelle le Consulat entreprit la grande tâche d'établir en France l'ordre et la prospérité.

« *Aucun service*, dit M. Rouher, *n'était plus en souffrance que celui de l'alimentation de Paris en viande de boucherie.* « Et il ajoute : » Le mal était grand, il fallait le faire cesser sans retard; *afin de rendre la sécurité au commerce de la boucherie dans Paris et de rappeler dans cette profession* des hommes honnêtes et solvables, l'arrêté consulaire du 8 vendémiaire, an XI (30 septembre 1802), complété par le décret du 6 février 1811, obligea les bouchers, dont le nombre fut limité, à se munir d'une autorisation du préfet de police et à verser un cautionnement.

» Pour déterminer les éleveurs (1) à amener leurs bestiaux sur les marchés d'approvisionnement de Paris, on astreignit *les bouchers* à faire tous leurs achats *exclusivement* sur ces marchés *et à les payer comptant* par *l'intermédiaire d'une caisse* municipale, la caisse de Poissy, *chargée de leur faire des avances* à un intérêt modéré. »

Au système de limitation qui précède l'ordonnance du 12 janvier 1825, succéda un système mixte de limitation et de liberté, en astreignant toutefois les bouchers à verser un cautionnement à la caisse de Poissy qui resta obligatoire.

---

(1) Il est à regretter que l'éminent rapporteur n'ait pas dit : *les marchands de bestiaux*, car à cette époque, comme aujourd'hui, où les transports sont plus faciles, on voit peu d'éleveurs venir eux-mêmes sur les marchés, où généralement, et pour cause, ils se font remplacer par des commissionnaires dont l'emploi est expliqué par le directeur de la caisse de Poissy, page 7 et suivantes du tome 1er de l'Enquête législative de 1851.

Cette ordonnance, qui avait blessé des intérêts fort actifs (les chevillards), fut rapportée, quoique les résultats obtenus n'eussent en réalité rien de défavorable, et on revint, par l'ordonnance du 18 octobre 1829, au système de limitation de l'arrêté des consuls de l'an XI (30 septembre 1802).

« Mais à peine ce système était-il établi que la force des choses y faisait brèche.

» D'abord on augmenta le nombre des bouchers : de quatre cents il fut porté à cinq cents, nombre actuel. Les marchés, ouverts deux fois par semaine à la vente de la viande en détail, reçurent un plus grand nombre de forains, qui commencèrent à faire *une petite concurrence* aux bouchers établis.

» La préfecture de police déclara ne pouvoir pas faire exécuter les dispositions qui interdisaient *la vente à la cheville* ; cette vente fut ouvertement tolérée dans les abattoirs, ainsi que l'introduction des viandes à la main directement portées par les forains au domicile des acheteurs.

» Les *bouchers* furent même autorisés à acheter leurs animaux en dehors des marchés d'approvisionnements (1), mais seulement au delà d'un rayon de 10 myriamètres autour de Paris.

» Par ces concessions, on ne donna point satisfaction aux réclamations des éleveurs et des consommateurs, et on excita les plaintes des bouchers (2).

» En 1840, lorsque l'administration reprit l'examen de la question, ces plaintes n'étaient pas moins vives et pressantes que celles des éleveurs et des consommateurs (3).

» A partir de 1848 le système fut entamé de nouveau et plus gravement. On introduisit la vente quotidienne de la viande sur les marchés et, sur cent soixante et une places existant dans ces marchés, cent vingt et une furent données aux forains (4). »

On établit au marché des Prouvaires, la vente à la criée en gros *des viandes provenant directement de l'extérieur*, et sur cinq marchés la criée en détail (5).

« Les réclamations des bouchers devinrent plus vives; le public et les éleveurs ne cessèrent pas de se plaindre :

» Le public, du prix élevé de la viande à l'étal comparativement aux bas prix des bestiaux sur pied et de la viande dans les départements; les éleveurs, du bas prix des bestiaux sur pied comparativement au prix élevé de la viande à l'étal.

---

(1) Pour mieux rançonner les producteurs, comme ci-devant.

(2) Il faut dire des petits étaliers, asservis comme les producteurs aux spéculateurs chevillards, qui font la loi partout.

(3) C'est ce qui motiva le célèbre rapport de M. Boulay (de la Meurthe), lequel est tout entier en faveur de la corporation, autrement dit les chevillards, dont il est parlé à la page 33 du même rapport.

(4) Les forains sont d'autres spéculateurs, associés avec les premiers ou opérant sur les animaux et les viandes, dont il est question à la date du 3 avril du tome Ier de l'Enquête législative de 1851. La criée actuelle est leur égout ; ils y vendent de tout, au dépens de la consommation et du budget de l'assistance publique.

(5) Il est vraiment fâcheux que le mode de vente à la criée, qui est la moralisation de la cheville par la vente au grand jour et à prix débattus des viandes, en gros et demi-gros, pour l'approvisionnement quotidien des étaliers revendeurs, qui peuvent ainsi acheter, suivant le besoin de leur quartier et de leur clientèle, soit justement approvisionnée de viandes sans nom, sans certitude d'origine, et tombant par conséquent dans le domaine des viandes suspectes, dont il est parlé à la date du 3 avril, tome Ier de l'Enquête législative de 1851, et p. 16, *Question du pot-au-feu*, par M. V. Borie.

Quant aux conséquences de cet abatage sans frein et sans surveillance, on en trouve la définition exacte, au point de vue de l'agriculture et de la production du bétail, dans les premières pages du rapport de M. Boulay (de la Meurthe), notamment pages 18 et 19. (Voir aux notes qui sont à la fin du chapitre).

» Toutefois une dernière épreuve était encore possible : celle de la taxe autorisée par la loi des 19-22 juillet 1791. L'administration résolut, avant de proposer à Votre Majesté un parti définitif, d'en faire un essai sérieux et complet.

» Mais il a fallu reconnaître, après une épreuve de plus de trois ans, que malgré les précautions prises, la taxe ne prévoyait pas et ne pouvait pas prévoir toutes les habiletés de métier par lesquelles l'économie de ses calculs est détruite, et le bénéfice du boucher indûment augmenté au détriment du public. »

Il fallut donc renoncer à la taxe.

« Or, la taxe supprimée, le monopole subsistait seul sans contre-poids ; on n'aurait plus, comme dans la boulangerie et dans l'industrie des chemins de fer, le correctif indispensable du tarif destiné à empêcher l'abus du privilége, et l'on se trouverait en présence *d'un système actuellement démantelé* de toutes parts, qui, dans l'état où l'ont réduit les atteintes qu'il a reçues successivement depuis 1830, et particulièrement depuis 1848, excite les réclamations de tous les intérêts sans exception. »

Ce qui du reste prouve le vice du système, comme on l'appelle, c'est que pour avoir négligé, pendant soixante-huit ans, de faire la part du producteur, comme base, celle des intermédiaires utiles comme conséquence, et celle de la consommation comme sommet, on convient, un peu tard il est vrai, qu'il suffit de rapporter l'ordonnance de 1829 pour que tout rentre dans le droit commun.

Malheureusement, le ministre le dit lui-même, les effets ou les habitudes survivent longtemps aux décrets qui en prononcent la suppression, et malgré le bon vouloir qui préside au décret du 24 février 1858, il reste et restera sans application, tant que la main vigoureuse qui l'a signé ne le rendra pas exécutable par une solide institution de crédit qui, sous le nom de Factorerie impériale, servirait d'intermédiaire à peu près gratuit entre celui qui produit, ceux qui débitent et ceux qui consomment, tant il est vrai de dire que, quoique libre, l'homme aime qu'on lui indique ce qu'il doit faire ; c'est ce qui s'appelle gouverner.

A la suite de ce remarquable rapport, il est prouvé d'un bout à l'autre que tout ce qui s'est fait depuis soixante-huit ans (de 1791 à 1859) s'est toujours fait au point de vue de la boucherie parisienne, sans jamais, pour ainsi dire, faire peser dans la balance les 27 millions d'agriculteurs qui, après tout, tiennent en main le bétail, point de départ de toute discussion en matière de viande.

CE QUE NOUS PROPOSONS DE FAIRE

DEPUIS LE 15 JANVIER 1851.

On sait qu'après cinq cents ans d'exploitation occulte et soixante-sept ans de manœuvres habiles, de la part des représentants du monopole de la boucherie parisienne, le décret impérial du 24 février 1858 fait rentrer le commerce des débitants de viande dans le droit commun qui régit les autres commerces, sauf quelques restrictions d'hygiène et de salubrité qui sont motivées par la nature même de la denrée.

C'est-à-dire qu'après soixante-sept ans d'essais infructueux et dix-huit remaniements inutiles du nombre des étaux, ce décret affranchit bien le commerce, mais il n'affranchit pas les commerçants, qui restent plus que jamais sous les prétentions des trente-huit ou cinquante-cinq chevillards, qui sont toujours maîtres du marché et de la denrée.

Il faut donc, pour compléter ce décret, dans l'intérêt de tous, que cette grande œuvre de liberté soit mise, par une sérieuse interprétation des articles 3, 5, 6 et 8, en harmonie avec les décrets impériaux des 9 février et 6 avril 1859.

On voit par ce qui précède qu'il ne s'agit pas seulement de réglementer, par décret ou ordonnance, le débit de la denrée, ce qui rentre dans les attributions de la police municipale, mais qu'il s'agit de résoudre un problème économique qui touche au sol par le bétail, et à la population tout entière par la viande de boucherie.

Ainsi compris, ce qui reste à faire est certainement plus grave que ce qui est fait.

Paris étant un grand centre pour les expéditions, les arrivages, la vente, la répartition ou la consommation des produits généraux du domaine agricole et de toutes les industries qui ont pour mobile et pour but les denrées alimentaires ;

Paris étant le point de jonction où viennent se souder par le chemin de fer de Ceinture toutes les grandes artères ferrées du pays ;

Nous avons proposé au pouvoir et à l'administration, dès l'année 1851, d'établir, à nos frais, risques et périls, sur les terrains de Charonne et Ménilmontant, le plus pauvre des vingt arrondissements de Paris,

Un vaste entrepôt comprenant un chemin de fer d'arrivage, des bouveries, bergeries, porcheries, un marché à bestiaux, un abattoir unique, une salle de criée pour la vente des viandes en gros et demi-gros.

Cet entrepôt et autres dépendances, qui fonctionnerait à commission fixe comme simple mandataire entre l'expéditeur vendeur et l'acheteur urbain sous le nom de Factorerie impériale, se chargerait de recevoir en gare au départ ou arrivée tous les animaux que la production expédie pour concourir à l'approvisionnement de la capitale. C'est-à-dire, qu'au lieu de laisser nos producteurs à la merci des intermédiaires qui profitent de leur ignorance des us et coutumes des marchés, et notamment des mercuriales, pour leur acheter à vil prix des produits qu'ils viennent revendre sur le marché en prélevant de larges bénéfices.

La factorerie recevrait de la main même du producteur les produits sur lesquels au besoin elle lui avancerait de l'argent, de façon à mettre de première main l'offre en présence de la demande, autrement dit, le produit devant la consommation.

La concurrence des vendeurs amènerait naturellement le bon marché du produit dans toute sa pureté et dans sa nature primitive. Ce qui, malheureusement, n'arrive pas aujourd'hui, où tout est préparé et mélangé au départ par des intermédiaires qui en font état.

De son côté, l'importance du marché, la grande quantité des acheteurs tant urbains que suburbains ou regnicoles, créeraient une concurrence qui empêcherait l'avilissement des prix de vente au-dessous d'un taux non rémunérateur.

On nous dira : Mais que deviennent, par votre système, les intermédiaires?

La réponse est facile, elle existe dans le célèbre rapport de M. Devinck, qui établit le nombre toujours croissant des marchands qui préfèrent la vie lucrative et falsificatrice de la plupart de nos nombreux débitants urbains, aux longs, salutaires et indispensables travaux des champs.

Les conseils généraux disent que l'agriculture manque de bras, et la preuve, c'est que tous les gens de service se font marchands plutôt que de retourner au village où l'argent gagné en service viendrait se confondre souvent avec avantage à l'exploitation de l'héritage, laissé infécond par la gêne de la famille.

Les intermédiaires se feront donc agriculteurs.

On nous dira : Mais que devient, avec votre système, la liberté proclamée par la loi des 2 et 17 mars 1791 ?

Ici encore, la réponse est facile, en ce sens, que la loi permet de faire le bien dans l'intérêt de tous et non de faire le mal en falsifiant les denrées, ce qui nuit à la santé de tous.

Peu nous importe qu'on abuse de la liberté de fabrication et de vente, pour mettre du coton dans les étoffes de soie ou de laine qui couvrent notre corps. Ici on est trompé ou volé, c'est vrai; mais l'essentiel, c'est que nous ayons la certitude, que nous n'avons pas aujourd'hui, que ce qui entre dans notre corps soit naturel et sain, afin de ne pas troubler notre santé, cette première condition de notre existence.

Nous dirons plus... on n'ignore certainement pas que la falsification et la sophistication des denrées alimentaires, grèvent chaque année le budget de l'assistance publique de près de moitié, soit, pour Paris, 9 millions sur 19 millions.

Les maladies d'estomac, de poitrine, de cerveau, etc., viennent presque toutes de la mauvaise qualité des denrées alimentaires.

Tous les efforts doivent donc tendre vers le double but de la suppression du superflu des intermédiaires, que l'insuffisance du débit et le besoin de gain contraignent à débiter de mauvaises marchandises.

Ces efforts doivent tendre également à mettre absolument le produit naturel, sortant des mains mêmes du producteur, avec son nom et son adresse, en présence de l'acheteur, de façon à ce que chaque producteur soit responsable de son produit. Tout le monde y gagnerait sans nuire à la liberté de personne.

Tels ont été et tels sont les grands mobiles qui nous ont guidé dans l'ensemble du travail que nous proposons. Maintenant il nous reste à dire que si nous avons pris le commerce des bestiaux et des viandes pour point de départ, c'est uniquement à cause de son importance au point de vue du sol et de la consommation dont les intérêts rivaux ont motivé depuis cinq cents ans dix-huit troubles inutiles des détaillants de viandes, qui, à part les cinquante-cinq spéculateurs chevillards, sont aussi étrangers à la production du bétail que les marchands de journaux du boulevard sont étrangers à la fabrication du papier ou de l'encre d'imprimerie.

Ce qu'il fallait et ce qu'il faut :

C'est d'affranchir le producteur-vendeur des parasites qui le trompent localement et sur sa bête et sur son prix ;

C'est de réduire le plus possible le nombre des intermédiaires et le chiffre de frais entre le point de départ du produit et sa mise en vente devant le consommateur ;

C'est de sauvegarder la santé publique par la bonne qualité des produits vendus ;

C'est enfin de faire la part des intérêts de tous.

En un mot, c'est une question agricole d'État et de gouvernement et non une question de débit de viande rentrant dans les attributions de la police municipale.

Telle est, suivant nous, l'importance du problème à résoudre, et qui ne l'a pas été depuis soixante-neuf ans faute d'être ainsi expliqué et ainsi compris.

On parlait et on parle encore d'organiser la boucherie comme si le débitant impliquait lui, Parisien, tous les intérêts qui se succèdent entre l'étable ou l'herbage, et la marmite du consommateur.

Il s'agissait et il s'agit encore aujourd'hui d'organiser l'expédition, l'arrivage, la vente, l'abatage et la vente en gros du produit en laissant toute liberté dans les transactions.

Les débitants des marchés d'arrondissements faisant concurrence aux étaliers de la ville, forceront bien ceux-ci à rabattre leur prix de vente à l'avantage de la consommation.

VOIES ET MOYENS DE CE QUE NOUS PROPOSONS DE FAIRE

DEPUIS LE 15 JANVIER 1851.

Résultats économiques obtenus et à obtenir dans l'intérêt de la sécurité de tous.

Dans l'état actuel du marché général, et d'après des relevés faits sur des séries de mercuriales et autres documents officiels, les frais généraux et les intermédiaires utiles ou inutiles dont tout le monde demande la suppression absorbent par kilogramme de viande sur pied 1 fr. 50 c. 76.

L'entrepôt de la Factorerie impériale ou centrale proposé par nous, permettant de réduire les frais généraux et d'intermédiaires à 0 fr. 23 c. par kilog., il y aurait une économie de frais et d'intermédiaires de 1 fr. 27 c. 76 par kilog. à reporter, savoir ;

En déduction sur le prix payé par la consommation	0.66 c.	Somme égale...	1.27.76
En augmentation de recette pour la production.	0.61.76		

Chaque kilogramme de viande sur pied amenée et vendue par le producteur sur les marchés actuels produit :

Pour chaque kilogramme de viande nette vendue à la consommation	1.81.00	ci..	2.30.08
Pour la vente des suifs, peaux et abats de toute sorte......	0.49.08		

Sur ce chiffre de 2 fr. 30 c. 08	les frais absorbent par kilog.	au producteur...	0.25.68	Ensemble 0.64.02	ci.. 1.50.76
		aux intermédiaires..........	0.38.84		
	les intermédiaires s'attribuent par kilog.	sur la production.........	0.49.08	Ensemble 0.86.74	
		sur la consommation.........	0.37.66		

La production n'encaisse donc par kilog. que..................	(1)	0.79.32
	Parité....	2.30.08

L'institution de la Factorerie que nous proposons permettant de réduire les 1 fr. 50 c. 76

(1) Le lecteur est prié de voir les notes et chiffres à l'appui, pages 31 et suivantes.

ci-dessus à 0 fr. 23 c. par kilog., l'écart ou l'économie de 1 fr. 27 c. 76 de frais et d'intermédiaires pourrait se répartir ainsi :

La consommation de Paris, qui paie les 21 catégories de viande nette au prix moyen de	1.81 le kil.	Economie par kilog.. 0.66.00	Parité... 1.27.76
pourrait l'obtenir de première main aux criées publiques de la Factorerie à........................	1.15		
La production encaisserait par la vente de ses produits........	1.41.08	Augmentation par kil. 0.61.76	
tandis qu'elle n'encaisse, comme il est démontré ci-dessus, que.....	0.79.32		

La Factorerie ne vendant pas en détail, mais seulement en gros et demi-gros, comme concurrence de la production avec les chevillards, il en résulte que les consommateurs achetant chez les étaliers de la ville, qui prendront pour eux 0 fr. 25 c. par kilog., les 0 fr. 66 c. se réduiront à 0 fr. 41 c. d'économie par kilog.; si au contraire les consommateurs achètent dans les halles et marchés urbains, le bénéfice des étaliers dans ces marchés n'étant plus que de 0 fr. 15 c. par kilog., les consommateurs auront 0 fr. 10 c. en plus d'économie par kilog., soit 0 fr. 51 c., au lieu de 0 fr. 66 c. que réaliseront les acheteurs achetant de première main en gros et demi-gros aux diverses criées de la Factorerie.

Il s'agirait donc, sans toucher au principe de liberté commerciale que renferme le décret impérial du 24 février 1858, de le compléter par la création d'une puissante institution de crédit privé unanimement acceptée et réclamée qui, sous le nom de Factorerie impériale ou centrale, opérerait à commission fixe, sans monopole d'achat et de vente pour son propre compte, mais qui fonctionnerait avec une simple concession temporaire d'exploitation comme garantie morale pécuniaire vis-à-vis des tiers.

Cette institution ou factorerie mettrait fin à tout conflit d'intérêts, en se plaçant, comme simple et unique intermédiaire ou mandataire, entre l'expéditeur-vendeur et l'acheteur urbain.

En échange des avantages de ces économies ci-dessus définies, résultant de la concession d'exploitation temporaire à elle consentie, la Factorerie impériale ou centrale *édifierait* à ses frais, risques et périls tous les établissements nécessaires à son bon fonctionnement, pour en faire l'abandon à qui de droit, après l'expiration de sa concession.

De la sorte, l'Etat ou la ville de Paris n'auraient point à acquérir d'emplacement, ni à ériger de leurs deniers des monuments dans lesquels des agents possesseurs de fonctions vénales viennent s'abriter pour y faire leur fortune, sans avoir préalablement payé le temple de cette fortune.

Les établissements à édifier par la Factorerie seraient : l'entrepôt, le marché, l'abattoir unique, la salle des criées, les bergeries, bouveries, porcheries, etc. ; le chemin de fer de la gare de raccordement et d'évitement ; cinq ou six annexes de la halle centrale des Prouvaires, aux lieux et places des abattoirs actuels, plusieurs marchés à comestibles réclamés et jugés nécessaires, par suite de l'annexion et de la décentralisation qui s'opère de la population vers les points de la circonférence, et en général tous les établissements qui font partie de son programme, ou ceux généralement quelconque qui seraient jugés nécessaires à un parfait approvisionnement de la capitale intra-fortification.

Cette institution ou Factorerie impériale ou centrale de sécurité et d'ordre public, qui fonctionnerait sous le contrôle absolu du pouvoir et de l'autorité administrative, viendrait compléter en 1860, avec l'annexion, les entrepôts déjà existants pour les farines et les liquides, décrétés les 12 août 1807 et 24 février 1811.

En ce qui touche à la halle centrale des Prouvaires, devenue malheureusement trop centrale par les 6 kilomètres qui la séparent de la circonférence occupée justement par l'ouvrier sédentaire, la bonne ménagère pour qui le temps est de l'argent, comme le disait Napoléon Ier, la transformation des abattoirs actuels en halles décentrales comme annexes de la halle centrale, et la création de quelques marchés d'arrondissements, sur les points les plus éloignés et les plus peuplés, seront d'un immense avantage économique pour les populations.

En présence des résultats économiques ci-dessus définis d'un travail qui a exigé des études de quinze années et absorbé des sommes considérables, en raison des détails et des preuves qui viennent à l'appui des faits et chiffres ci-dessus avancés, dont nous réclamons la démonstration et la discussion la plus complète et la plus approfondie, nous restons convaincu que l'unité que nous proposons intéresse au plus haut degré l'agriculture en général, et la consommation en particulier, et cela tout en sauvegardant les intérêts de la ville de Paris et ceux des intermédiaires utiles à conserver.

La Factorerie impériale ou centrale proposée doit avoir une si haute moralité administrative, une situation financière si largement établie, qu'elle donnera confiance aux plus timorés.

Elle place si heureusement sous la main du pouvoir et de l'autorité administrative, l'importante question de l'approvisionnement de Paris en animaux, viandes, etc., etc. ;

Qu'il importe, avant tout, de lui donner un emplacement, une surface, une construction, une orientation, une disposition d'agencement, en rapport avec les arrivages par chemins de fer ou voies de terre, de façon qu'il n'arrive plus ce qu'il arrive pour les abattoirs actuels qui, quoique ayant coûté 17 millions, doivent être enlevés d'où ils sont ; faute d'avoir prévu, lors de leur établissement, qu'ils portaient avec eux des embarras et des inconvénients hygiéniques, qui commandaient leur entier isolement.

Ménilmontant présente donc cet avantage sur tous les autres emplacements qu'on pourrait lui opposer, qu'il a tous les avantages des autres emplacements, et en particulier celui d'être sur un point culminant, facilement accessible, entouré qu'il est de grandes voies de communication, de boulevards, etc., etc. ; qu'il est complétement en dehors de l'activité industrielle, manufacturière et commerciale.

En un mot, comme nous l'avons déjà dit, Ménilmontaat est, par sa situation et son isolement, le plus pauvre des vingt arrondissements de Paris, de telle sorte que ce qui nuirait aux autres l'enrichira ; car au lieu du superflu, comme la Villette par exemple, il manque du nécessaire.

Le plan figuratif et la vue perspective de Paris, avec légende explicative des établissements à créer, indique la position respective qu'ils doivent occuper dans l'exécution, sauf qu'au lieu de la ferme modèle qui est au bas de la vue, on y substituerait des rues intérieures, flanquées de bergeries, bouveries, etc., pour répondre aux nouveaux besoins créés par la récente annexion des banlieues de Paris. Cette vue, qui n'est qu'un aperçu à vol d'oiseau, des cinquante-neuf plans, dessins et lavis du projet examiné par S. M. l'Empereur, par M. le sénateur préfet de la Seine, etc., donne une idée imparfaite, mais saisissable, de ce qu'il y aurait à faire pour répondre victorieusement, dans le présent et dans l'avenir, aux exigences des besoins des producteurs et des consommateurs, dont la défense et le triomphe des intérêts nous ont pris les quinze plus belles années de notre vie.

Il ne nous reste plus maintenant qu'à attendre avec confiance la réalisation de notre œuvre d'intérêt général, d'autant plus qu'elle est soumise à la haute appréciation de juges choisis par S. M. l'Empereur, et par le sénateur préfet de la Seine, dont les énergiques et gigantesques conceptions attestent du choix qu'ils ont pu faire.

LÉGENDE EXPLICATIVE

DES

Planches et des Tableaux relatifs à la partie économique du projet ; et des cartes et des dessins relatifs à la partie topographique et architecturale, réunis dans un album (1).

1° — Partie économique.

1° A. — Carte de France : indiquant les départements qui produisent les animaux de boucherie, les chemins de fer et les gares d'arrivage par lesquels s'effectuent les transports.

Le but de cette carte est de prouver qu'il n'y a pas que la Normandie qui concourt exclusivement à l'approvisionnement de Paris ; mais qu'au contraire les marchés de la capitale sont tributaires de cinquante-sept départements producteurs, ainsi que c'est indiqué sur la carte ci-annexée.

B. — Carte des départements limitrophes de la Seine : indiquant la distance à parcourir à pied par le bétail depuis les gares d'arrivée jusques aux différents marchés obligatoires, pour l'approvisionnement de la capitale ; et le parcours des animaux pour revenir de ces marchés jusqu'aux cinq abattoirs municipaux. Nous y avons joint les calculs officiels de déperdition de poids constatés par les expériences qui ont été faites par ordre de la préfecture de police ; et de la perte par chaque kilomètre de parcours fait par les animaux.

Le but de cette carte est de prouver la nécessité du rapprochement des marchés sous les murs de Paris.

2° Plan des environs de Paris : pour faciliter l'étude et la comparaison du système actuel et du système nouveau que l'on propose d'y substituer, en montrant la nécessité de placer les établissements proposés à cheval sur le chemin de fer de Ceinture communiquant avec tous les chemins de fer de France.

3° Plan de Paris nouveau : sur lequel on a indiqué par des teintes jaunes et roses les différents groupes de la population sous le rapport de la distance des différents quartiers aux halles centrales et aux abattoirs. La teinte orange indique l'emplacement désigné de la Villette ; la double teinte rose et verte foncée indique l'emplacement des établissements proposés.

Le but de cette carte est de prouver que la distance de la halle centrale, prise comme point de centre, à chacun des cinq abattoirs municipaux, et la distance entre chacun d'eux, ainsi que la distance d'un chacun aux fortifications, est en moyenne de 3,000 mètres, d'où

---

(1) Cet album de cinquante-neuf feuilles est entre les mains du pouvoir et de l'administration municipale.

il résulte que la population ouvrière, refoulée sur les points extrêmes de la circonférence, a 6,000 mètres à parcourir pour venir s'approvisionner à la halle, tandis que si les abattoirs étaient des annexes de la halle, ces mêmes ouvriers ou leurs ménagères n'auraient que 1,500 mètres à parcourir pour se procurer aux prix de la halle centrale les denrées qui leur sont vendues actuellement, avec une différence de 300 0/0 au profit des intermédiaires.

On arriverait encore à supprimer les 4,500 petites voitures à bras qui encombrent la voie publique.

On s'est proposé également de démontrer la préférence que l'on devait accorder à l'emplacement de Ménilmontant sur l'emplacement de la Villette, car :

1° L'emplacement de la Villette n'a que 44 hectares disponibles ; ils sont situés sur le dépottoir et sur le port d'embarquement des vidanges ; près des nouveaux gazomètres, d'usines, de fabriques et d'industries qui en vicient l'air ; au milieu d'une exubérante activité industrielle et commerciale, et qu'au point de vue de la navigation le port de la Villette est le point de jonction des canaux du Nord et du Sud, et qu'en un mot, ce port est le troisième port de France comme tonnage.

L'atmosphère y est constamment chargée de brouillards en toutes saisons, insalubres pour les animaux comme pour les viandes.

Au contraire, l'emplacement de Ménilmontant et Charonne offre une superficie disponible de 100 hectares non utilisables pour l'industrie ; sous les vents d'est qui n'y règnent que vingt-trois jours sur trois cent soixante-cinq jours ; ils sont isolés de toutes parts par des routes départementales ; ils avancent sur l'axe de Paris et dominent la ville ; l'air y est pur, vif, salubre en toute saison, favorable aux animaux et à la conservation des viandes ; une conduite d'eau de $0^m,35$ de diamètre passe sous la route départementale n° 40.

La création des boulevards du Prince-Eugène, des Amandiers, de Turbigo, de Magénta, et d'autres artères mettent les établissements à quelques minutes des grands centres de population.

On sait en outre que le vingtième arrondissement où sont situés ces terrains est le plus pauvre et le plus frappé de stérilité des vingt arrondissements de Paris.

4° Dessin figuratif et descriptif des animaux de boucherie abattus : avec les dénominations de leurs diverses parties, en usage dans le commerce de la boucherie, et l'indication des prix de vente par *catégories* à l'étal du boucher.

Le but de ce tableau est de montrer que le prix moyen de la viande est de 1 fr. 80 c. le kilogramme.

On remarquera qu'au lieu de quatre catégories, il n'y en a réellement que trois, la quatrième ne se composant que de la surlonge et des joues du poids de 7 kilogrammes, tandis que la première catégorie représente 136 kilog.; la deuxième, 115, et la troisième, 108. Il arrive donc qu'en faisant rentrer la quatrième catégorie dans l'établissement de la taxe, on fausse le prix de vente au public.

5° Grand tableau publié en 1856 : pour établir :

1° Ce qu'un kilog. de viande coûte au producteur ;

2° Le prix moyen que le producteur a reçu depuis trente ans sur les marchés actuels ;

3° Le détail des frais et la part des intermédiaires ;

4° Le prix moyen de la viande livrée à la consommation avant, pendant et depuis la taxe.

6° CONSIDÉRATIONS ET DÉCOMPTES EXTRAITS DU TABLEAU PRÉCÉDENT.

7° PLAN FIGURATIF PUBLIÉ EN 1857 : indiquant l'emplacement de chaque établissement projeté, avec notes marginales indicatives des avantages que présente chacun d'eux, et ceux des localités choisies pour l'exécution du projet adopté par l'opinion publique.

8° TABLEAU PUBLIÉ EN 1858 : sous l'empire de la taxe établissant :

1° Le prix des animaux sur pied sur les divers marchés de la France;

2° Le prix des divers animaux rendus à Paris grevés des frais et des bénéfices perçus par les intermédiaires *(voir le mot)* ;

3° Les prix payés par les consommateurs d'après la taxe;

4° Enfin les prix comparés du système ancien et du système nouveau proposé.

9° MÊME TABLEAU : augmenté de nombreux extraits d'articles de journaux périodiques, et d'autres documents publiés en faveur du projet, et contenant une vue perspective de Paris et des établissements proposés.

10° MÊME TABLEAU PUBLIÉ EN 1859 sous le titre de : *Solution radicale de la question de la production et du commerce des viandes ;* et faisant ressortir l'utilité du projet au point de vue :

1° Du décret impérial du 24 février 1858 ;

2° De l'annexion de la banlieue ;

3° De la transformation des abattoirs actuels en marchés d'arrondissements;

4° De la préférence à donner à Ménilmontant et Charonne sur la Villette ;

5° Des moyens pratiques pour résoudre la question d'une manière complète sous le rapport de la salubrité, de l'hygiène publiques, de l'approvisionnement, de la production et de la consommation.

MARCHÉS D'ARRONDISSEMENT.

Partie topographique.

11° ENSEMBLE DES CONSTRUCTIONS A ÉTABLIR SUR L'EMPLAC[nt] DES ABATTOIRS DE MONTMARTRE.
12 Id. id. id. DE VILLEJUIF.
13° Id. id. id. DE MÉNILMONTANT.
14° Id. id. id. DE GRENELLE.
15° Id. id. id. DU ROULE.

Le but de ces plans est de montrer la nécessité d'enlever les abattoirs du milieu des populations poussées à la circonférence ; les abattoirs tombant du reste sous l'application des lois hygiéniques des 15 octobre 1810, 14 janvier 1815, et 15 avril 1838 ; suppression prévue par M. le préfet lui-même, dans le rapport de la commission administrative de 1857. Ensuite, afin d'éviter le parcours et l'encombrement de huit cent soixante-six rues, boulevards et routes parcourus dans une semaine par les animaux se rendant du ou des marchés sur les abattoirs actuels, d'après l'itinéraire des bestiaux arrêté par l'ordonnance de police du 31 janvier 1860.

Pour la viande à portée du consommateur, il sera établi de chaque côté du marché des bâtiments réservés à la vente à la criée en gros et demi-gros, pour l'alimentation quotidienne des petits débitants de viande qui auront des places dans le marché.

On arrive ainsi à placer à la portée des ménagères de la viande vendue de première main, avec les frais et les bénéfices restreints des débitants du marché, et cela, en concurrence avec les étaliers de la ville.

Comme toutes les surfaces occupées aujourd'hui par les abattoirs actuels ne seront pas totalement utilisées par cette transformation, les terrains restant seront lotis pour y édifier des habitations particulières à bon marché.

Partie architecturale.

TYPE DU MARCHÉ D'ARRONDISSEMENT DEVANT ÊTRE ÉRIGÉ A LA PLACE DES CINQ ABATTOIRS CI-DESSUS.

16° PLAN du type du marché d'arrondissement.
17° COUPE —
18° ÉLÉVATION —

Ces marchés devront être des annexes des halles centrales, où toutes sortes de denrées alimentaires seront vendues.

Pour éviter que les abords de ces marchés soient des cloaques, nous proposons, ainsi que le montre le dessin, de les entourer de boutiques qui auront accès sur le marché, et dans lesquelles seront vendues toutes espèces de denrées.

Les plans, coupes et élévations de ces marchés indiquent qu'à la fermeture, les boutiques n'auront plus accès à l'intérieur, et qu'elles resteront ouvertes sur la rue afin de lui donner et la vie et la lumière.

ÉTABLISSEMENT CENTRAL.

Partie topographique.

19° PLAN GÉNÉRAL.

Ce plan, dressé avant l'annexion, indique l'ensemble des constructions à édifier.

20° PLAN GÉNÉRAL. Dressé en vue de l'annexion.

21° PLAN Id. id. id. sur une échelle plus grande que celle du dessin ci-dessus.

22° PLAN DES NIVELLEMENTS.

Ce plan indique les pentes à donner au terrain sur lequel nous devons construire les édifices faisant l'objet de notre projet, et ce au point de vue de l'écoulement des eaux et des urines vers les fosses.

23° PLAN PARCELLAIRE des terrains à acheter au delà de la route n° 40.

24° PLAN PARCELLAIRE des terrains à acheter en deçà de la route n° 40.

Ces plans 23 et 24 montrent que les terrains à exproprier sont de peu de valeur, que ce sont des champs en grande partie, et que pour une somme moindre que celle dépensée à acquérir les 44 hectares à la Villette, il est possible d'en acquérir 100 sur le plateau entre Belleville-Charonne et Ménilmontant.

25° PLAN ET PROFIL du boulevard projeté.

Ce boulevard, d'une longueur de 500 mètres sur 40 mètres de largeur, va de la barrière des Amandiers à la porte d'entrée principale de nos établissements.

La pente de ce boulevard n'aura que 0m,04 par mètre, elle est donc moins forte que la pente de l'avenue des Champs-Élysées.

Nous ferons remarquer que les animaux arriveront dans nos établissements par le chemin de fer ci-dessous et ne sortiront de nos marchés ou abattoirs que dans les voitures des bouchers qui, venues à vide, s'en retourneront en descendant le boulevard.

26° PLAN ET PROFIL du chemin de fer de jonction.

Ce chemin de fer n'est autre chose qu'une gare d'évitement à deux voies du chemin de fer de Ceinture.

Partie architecturale.

27 PLAN D'ENSEMBLE des établissements divers que nous proposons dont le détail suit :

28° PORTE D'ENTRÉE.

Plan et élévation.

Elle est située dans l'axe du boulevard projeté. De chaque côté de cette porte et se reliant au mur d'enceinte de nos édifices se trouvent : le corps de garde des sapeurs-pompiers, leurs remises pour les pompes et leurs divers ustensiles, le bâtiment du concierge, etc.

29° Hotel restaurant.

Plan du rez-de-chaussée et du premier étage.

30° Coupes diverses et élévation.

Cet établissement comprend l'hôtel, le café, le restaurant, les écuries et les remises pour les voitures.

31° Salle des criées.

Élévation, plan et coupes diverses.

Cette salle des criées est affectée à la vente à la criée des viandes abattues par la Factorerie impériale, vendues pour le compte du producteur en concurrence avec celles vendues par les chevillards à la cheville, dont les opérations resteront toujours les mêmes.

Les criées créées de chaque côté des marchés d'arrondissement dont il est parlé ci-dessus, seront des annexes de cette criée principale.

Nous ferons remarquer que nous avons disposé cette salle des criées de telle sorte que les animaux abattus y soient rangés par lieux de provenance.

32° Abattoir. Plan.

33° Id. Élévation.

34° Id. Coupe.

34 *bis*. Id. Détail de la serrurerie du comble.

Cet abattoir est agencé de façon à répondre à tous les besoins du service, et à l'abatage qui s'opère dans tous les abattoirs actuels réunis.

La disposition circulaire rend les allées et venues faciles tant pour l'entrée des animaux que pour la sortie des viandes.

Cet abattoir sera divisé en deux parties bien distinctes :

L'une de ces parties sera affectée au service de la Factorerie qui, opérant à commission fixe et déterminée, abattra pour le compte du producteur.

L'autre partie sera affectée au service des individus qui achèteront des animaux vivants et sur pied sur les marchés, de telle sorte que le principe de liberté renfermé dans le décret impérial du 24 février 1858 n'est nullement atteint.

On comprend dès-lors la concurrence établie entre les chevillards et la production.

35° Abattoir des porcs.

Élévation, plan et coupes diverses.

Cet abattoir est suffisant pour répondre aux services des abattoirs à porcs réunis.

Comme l'abattoir des bestiaux, on le partagera en deux parties comme il est dit ci-dessus.

36° Bruloir des porcs.

Élévation, plan et coupe.

37° bruloir des porcs.

Détail de la construction du comble.

Ces brûloirs seront au nombre de deux, et recevront la même affectation dans le service que pour les abattoirs ci-dessus.

38° PORCHERIES.

Plan, coupe et élévation.

Ces porcheries seront assez spacieuses pour répondre aux besoins de l'approvisionnement de Paris, afin d'assurer la sincérité des mercuriales, les cours réguliers des prix, l'abondance des animaux.

39° LAVOIR, BUANDERIE, LINGERIE, TRIPERIE ET FONDOIRS.

Plan et coupe.

40° Élévation des bâtiments ci-dessus.

41° CHEMIN DE FER.

Plan.

42° Gare et coupe.

43° Gare et élévation.

44° BUREAU D'ARRIVAGE ET BASCULES.

Plan, coupe et élévation.

Des bureaux placés à l'extrémité de la gare serviront à l'entrée, au pesage, à l'inscription et à la répartition des animaux.

45° BOUVERIES.

Élévation, plan et coupe.

Ces bouveries seront assez spacieuses pour répondre aux besoins de l'approvisionnement de Paris, afin d'assurer la sincérité des mercuriales, les cours réguliers des prix par l'abondance des animaux.

46° EXPOSITION DES ANIMAUX REPRODUCTEURS.

Plan.

47° Elévation et coupe.

Cette exposition sera affectée à des exhibitions et foires d'animaux reproducteurs et aux concours actuels de Poissy.

48° EXPOSITION ET SALLE DES COURS.

Élévation et plan du rez-de-chaussée.

49° Coupe et plan du premier étage.

Cette salle sera affectée à une exposition permanente des produits et instruments agricoles les plus perfectionnés.

Un amphithéâtre disposé au rez-de-chaussée servira aux études anatomiques et à l'analyse des maladies qui atteignent les animaux.

On y traitera également toutes les questions relatives à l'agriculture.

50° HABITATION DU DIRECTEUR.

Plan, coupe et élévation.

51° BUREAU DE L'ADMINISTRATION.

Plans du rez-de-chaussée et du premier étage.

52° Élévation et coupes diverses.

53° GRAND MARCHÉ COUVERT.

Plan.

54° Détail des fermes de la coupole.

55° Détail des fermes des côtés et bas côtés.

56° Élévation.

57° Coupe.

Ce grand marché couvert sera affecté à la vente des bœufs, vaches, veaux, moutons et porcs.

Là, acheteurs et vendeurs opéreront en toute liberté.

NOTES VENANT A L'APPUI DE CE QUE NOUS PROPOSONS DE FAIRE (1).

Ce chiffre de 79 c. 32, soit en chiffres ronds 0,80 c., a une grande importance, comme représentant le principe producteur, en raison de la recette encaissée pour un produit dont la valeur réelle fait encaisser, à ceux qui l'achètent pour le réaliser, 2 fr. 30 c. 08.

Il est, du reste, confirmé par le prix moyen de la statistique générale de la France, qui est de 0,80 c., par les déclarations renfermées dans le tome II, *Production*, de l'Enquête législative de 1851, pages 3, 6, 13, 19, 26, 27, 31, 32, 37, 40, 46, 48, 73, 74, 81, 86, 101, 122, 125, etc. On sait que ces dires émanent de nos principaux départements producteurs ou engraisseurs d'animaux de boucherie.

Il est encore confirmé par le récent ouvrage de M. Léonce de Lavergne, *Essai sur l'Économie rurale de l'Angleterre*, page 72.

Enfin par le syndicat de la boucherie parisienne, page 48 du document fourni par la préfecture de police, en juin 1851, et dans le Mémoire publié par le syndicat lui-même, en 1850, page 108.

En ce qui touche aux autres chiffres, celui de 1,81, payé par la consommation, la clef nous en a été donnée par un boucher même: il a été vérifié par M. Victor Borie, à propos de la taxe, page 20 à 41 de la brochure *Question du pot-au-feu*. Il est indiqué comme chiffre diviseur sur le tableau de la maison Basset; il a été obtenu par nous et par beaucoup d'incrédules convertis, en divisant la somme annuelle payée par eux à leurs bouchers par la quantité de kilogrammes de viande inscrite sur leur livre de boucherie.

On lit, page 169 du livre des *Consommations de Paris*, par M. A. Husson, chef de division à la préfecture de la Seine : « Quant aux prix de la viande vendue dans les boucheries de la ville, on ne les constate d'aucune manière. » Le syndicat avait promis à la commission d'enquête législative de 1851 de fournir le détail des prix de vente à l'étal, mais on lit page 58 du tome Ier de la même Enquête : « Le syndicat n'a produit aucun document relatif au prix de la viande sur l'étal. »

En ce qui touche aux 49 c. 08 du cinquième quartier, ils sont définis page 26 et suivantes de la *Question du pot-au-feu*, par M. V. Borie.

On en trouve également la définition sous le nom d'impôts, page 98, *Histoire d'un grain de blé*, par M. L. Millot.

Enfin dans les calculs qui servaient de base à l'établissement de feu la taxe.

Nos chiffres et nos faits sont empruntés :

Au *Traité de la police*, de Delamarre ; à l'Enquête législative de 1851 ; aux documents publiés en 1856 sur la question de la boucherie, par le ministre de l'agriculture ; à la *Statistique de la France*, au rapport de M. Boulay (de la Meurthe) ; aux mémoires, documents et rapports faits et fournis par les deux préfectures ; aux *Consommations de Paris*, de M. A.

(1) Le lecteur est prié de lire la page 9 et suivantes.

Husson, chef de division à la préfecture de la Seine ; au mémoire du syndicat de la boucherie; aux mémoires de la Société impériale de médecine vétérinaire ; à l'*Économie rurale*, de M. Léonce de Lavergne ; à l'*Histoire d'un grain de blé*, de M. L. Millot ; à M. Delamarre, la *Vie à bon marché* ; à l'*Histoire de la Boucherie*, de M. Bizet ; aux *Mystères de la Boucherie*, de M. Blanc ; aux ouvrages ou aux articles quotidiens de MM. Chaptal, Sznitzler, Royer, Dupin, Moreau de Jonès, Tapiès, Lubersac, Kraczac, Gasparin, Léopold Duras, Rubichon, Benoiston de Châteauneuf, Michel Chevalier, Courselle-Seneuil, Henri de Riancey, Baudément, Payen, Pommier, Paul Coq, V. Borie, Vitu, J. Burat, Camus, Labiche, J. Valserre, Babaud-Laribière, F. Prévost, Tourdonnet, Béhague, Kergorlay, Chevreul, Magendie, Edwards, Liebig, Pelouze, Dumas, Jourdier, M. Block, Logoyt, Chemin-Dupontès, F. Rohart, Barral, Lecouteux, Moll, Boussingault, Dupeyrat, Joigneaux, et à la pétition adressée à S. M. l'Empereur, en 1855, par les producteurs et engraisseurs de bestiaux.

Opinion générale sur la création d'une factorerie centrale.

On lit page 72 de l'Enquête législative de 1851, parmi les dires de MM. les syndics de la boucherie parisienne, ce qui suit :

« M. Lescuyot. — Une chose que nous demanderions, si c'était possible, ce serait la suppression des intermédiaires entre les bouchers et les producteurs.

» M. Rilliot. — Il y aurait un moyen bien simple ; ce serait, maintenant que les transports par les chemins de fer sont faciles, que les producteurs envoyassent par cette voie leurs bestiaux, lorsqu'ils ne veulent pas venir eux-mêmes en surveiller la vente, et qu'au débarcadère la caisse de Poissy (la factorerie) fût le seul intermédiaire entre eux et nous ; c'est-à-dire qu'il y eût des vendeurs jurés (la factorerie) comme autrefois, qui vendraient à la criée. »

Les producteurs, les bouchers forains, les facteurs actuels, et une foule d'autres intéressés dont nous avons les dires à peu près dans le même sens, expriment la même opinion.

« La liberté de la boucherie n'est possible qu'avec l'établissement d'une factorerie. »

(M. V. Borie, *Siècle*, 4 septembre 1857.)

« L'institution d'une factorerie servant d'intermédiaire au producteur qui veut vendre sa bête et au boucher qui veut l'acheter, n'est point une limitation de la liberté commerciale ; c'est au contraire le complément nécessaire de cette liberté.

Sur la criée des bestiaux et des viandes.

» La vente à la criée est un mécanisme si simple, si honnête, qu'on l'a adoptée successivement dans toutes les ventes en gros de denrées alimentaires à Paris. »

(M. V. Borie, *Siècle*, 13 août 1857.)

« *Ce sont les intermédiaires qui absorbent tous les profits. Ce sont les intermédiaires devenus inutiles qu'il faut supprimer.*

» Lorsque les bestiaux sont dans un état parfait d'engraissement et propres à être livrés à la consommation, il les conduit (le producteur) au chemin de fer le plus rapproché et les expédie à l'agence.

» Maintenant il n'a plus à s'en occuper. L'agence (ou factorerie) reçoit les bestiaux, elle les vend en temps opportun, selon leur poids et leur véritable valeur ; elle prélève un droit déterminé à l'avance, pour frais de régie, et elle expédie au producteur le véritable prix de sa marchandise.

» Il est aisé de comprendre que l'agence (ou factorerie) régulariserait bien vite le marché de Paris, qu'elle pourrait arriver un jour à la vente à la criée, et qu'elle éviterait à coup sûr les encombrements si fréquents aujourd'hui, et qui causent une si grande perturbation sur le marché, en tenant les producteurs au courant des besoins de la capitale, et en ne leur demandant leurs produits que selon les exigences du marché.

» Voici l'idée principale : Remplacement des marchands et des commissionnaires par une agence commune pour tous les producteurs.

» Je maintiens que l'idée est juste et féconde en résultats pratiques. »

(M. Babaud-Laribière, *Presse*, 4 novembre 1855.)

« La vente à la criée vaut mieux, et c'est elle surtout dont il faut développer l'organisation; c'est par elle qu'il faut combattre cette transformation qui s'opérait du monopole de la boucherie en instrument d'accaparement et d'agiotage au préjudice des consommateurs. Que cette institution nouvelle reçoive tous les développements dont elle est susceptible, et elle sera promptement adoptée par les particuliers comme elle l'est déjà par tous les consommateurs collectifs. »

(J.-B. Labiche, *Presse*, 17 novembre 1855.)

[...]r une caisse de paie[...]ment à cause des [...]mercuriales.

« Il est évident que le boucher est l'arbitre intéressé de la mercuriale. C'est sur ses déclarations que les prix s'établissent. Admettons, si l'on veut, que ses déclarations soient sincères quant au prix, mais quant au poids cette sincérité est impossible ; le boucher ignore lui-même le poids exact des animaux vivants qu'il achète ; il ne peut le juger qu'approximativement, et alors, et tout naturellement, il essaie de mettre, comme on dit, le bon bout de son côté.

» Un des défauts de la taxe, c'est de ne pouvoir s'établir que sur des moyennes : moyenne du poids de la viande nette, moyenne du poids du cuir, du suif, des abats, de la laine, etc. ; complications inextricables dans lesquelles les uns peuvent être sacrifiés, les autres éminemment favorisés, et le public toujours victime. »

(A. Pommier, *Echo agricole*, 4 juillet 1857.)

« *Il est nécessaire qu'on cesse cette vente par bande,* qui a de *déplorables inconvénients. Il faut qu'il n'y ait plus de vente en gros ; il faut enfin que le petit boucher qui ne peut débiter qu'un bœuf puisse acheter sur les marchés sans passer par les fourches caudines du gros boucher* (chevillard).

» *Une chose que nous demanderions,* si c'était possible, *ce serait la suppression des intermédiaires entre les bouchers et les producteurs.*

» *Il y aurait un moyen bien simple; ce serait, maintenant que les transports par les chemins de fer sont faciles, que les producteurs envoyassent par cette voie leurs bestiaux, lorsqu'ils ne veulent pas venir eux-mêmes en surveiller la vente, et qu'au débarcadère, la caisse de Poissy (la factorerie) fût le seul intermédiaire entre eux et nous ; c'est-à-dire qu'il y eût des vendeurs jurés (la factorerie), comme autrefois, qui vendraient à la criée.* » (Déposition du syndicat, page 72, Enquête législative.)

« *Le syndicat de la boucherie de Paris, les maires et les* principaux *bouchers de la banlieue de Paris* reconnaissent et *demandent* (pages 72, 210, 280 et suivantes du tome Ier de l'*Enquête législative de* 1851) *l'établissement d'un factorat central chargé de recevoir et de vendre les animaux à la criée.* — De son côté, *la production reproduit à peu près les mêmes vœux* dans le tome IIe (production) de la même *Enquête*, pages 6, 10, 12, 13, 15, 29, 39, 42, 69, 78, 83, 110. »

[...]pinion des facteurs actuels.

« Les soussignés, facteurs aux bestiaux, *anciens commissionnaires,* ont eu l'honneur de présenter à Votre Excellence, au mois de mai dernier, un travail dans lequel ils vous exposaient *les inconvénients de la situation* qui était *faite au factorat* par les prescriptions de l'ordonnance du 30 mars 1858 qui les institue.

» Ils prouvaient que leur *solvabilité,* nécessaire à la sécurité des éleveurs, était notablement atteinte par les charges qui leur étaient imposées sans compensations.

» En outre, *ils démontraient que la suppression des marchés obligatoires devait décourager l'élevage* par l'absence de statistique, de contrôle administratif, et laisser la *consommation* grevée de frais d'intermédiaires ruineux.

» Ils signalaient comme une nécessité réclamée par l'intérêt public, la création d'un marché central obligatoire sous les murs de Paris, *et le fonctionnement du factorat dans des conditions qui donnassent à ce rouage administratif* une vie possible, utile.

» Ces observations ont été étudiées par les *fonctionnaires compétents* appartenant à l'administration; il est utile de les reproduire ici : les RÉSULTATS des études sur cette sérieuse question doivent être attendus par nous avec respect et confiance.

» Le marché central doit être couvert.

» Le chemin de fer de Ceinture devra avoir un embranchement qui transporte les bestiaux au marché même. Aujourd'hui, ces malheureux animaux, victimes de la négligence ou de l'incurie des chefs de gare, viennent par des trains de petite vitesse, attendant des journées entières dans ses gares, par les gelées ou les chaleurs accablantes; — ce qui, tout en blessant les notions les plus vulgaires d'humanité, est loin d'être sans influence sur la santé des animaux et la qualité des viandes.

» Disons que le remède à cet état de choses déplorable serait facile, même maintenant, puisque le chemin de l'Est transporte les bestiaux par des trains de grande vitesse, dont l'arrivée correspond avec les deux jours où se tiennent les marchés actuels.

» *Le marché central* devra se tenir deux fois par semaine, *et avoir la forme d'un cercle ou d'un polygone.* — Les places données aux vendeurs, partant du centre, où se trouveront les bureaux de l'administration et des facteurs, iront en s'élargissant vers la circonférence (entre les rayons du cercle ou du polygone).

» Disposition avantageuse à plus d'un point de vue, que voici : — Contrôle facile pour l'administration; — renseignements à portée des propriétaires de bestiaux; — places semblables pour les vendeurs; plus de jalousie, plus de trafic des places, le marché étant assez grand pour contenir toute la marchandise, et les places étant identiques.

» Les préaux devront être assez grands pour contenir 5 à 6,000 bœufs, 30 à 40,000 moutons, 6,000 veaux ou porcs. (Bien qu'à présent il n'y ait jamais plus que 3,000 bœufs, il faut préparer l'augmentation progressive de la consommation et l'affluence des marchandises que pourra amener sur le marché central la facilité que le chemin de fer donnerait aux fermiers de venir s'approvisionner à Paris.)

Bouveries, Bergeries, Porcheries.

» *A l'entour du marché devront être des bouveries pouvant contenir* 5 ou 6,000 bœufs ou vaches, et *des bergeries* pour 30 à 40,000 moutons. Il faut que tous les animaux susceptibles de figurer sur chaque marché puissent être aubergés dans le périmètre de l'établissement central.....

» Il faut des étables pour 6,000 veaux ou porcs.

Abreuvoirs.

» Des abreuvoirs d'une contenance superficielle de 5 à 600 mètres carrés devront être situés près des bergeries, des étables et des bouveries. Ces bassins seront au nombre de cinq ou six. Le matin du marché on pourra, sur des bassins réunissant au total cette superficie, faire boire rapidement les animaux. (Alors pourquoi le canal?)

Abattoir central.

» *Enfin, et c'est un point capital sur lequel* nous appelons l'attention spéciale de Votre Excellence, *un abattoir central*, construit dans des proportions suffisantes, *devra être établi près des marchés.*

Opinion des facteurs sur l'emplacement de la Villette.

» Si l'administration adopte définitivement l'emplacement de la Villette, ces abattoirs devront être élevés sur les terrains situés de l'autre côté du canal de l'Ourcq; *les animaux y seront conduits par des ponts jetés sur le canal en quantité suffisante.* (Que devient la navigation?) Ajoutons cependant que l'emplacement de la Villette nous paraît étroit, limité forcément, quels que soient les besoins de l'avenir, et situé dans un quartier encombré.

» Les chevillards sont de riches bouchers qui achètent de grandes quantités de bestiaux en *bloc*, et les vendent ensuite abattus, entiers ou par moitié à la boucherie peu aisée.

Les chevillards jugés par les facteurs actuels.

» Ils sont une centaine environ pour tous les genres d'animaux. Leur rôle consiste uniquement dans la spéculation sur les bestiaux. *Ils sont les intermédiaires les plus coûteux parmi les trop* nombreux intermédiaires qui grèvent la consommation de la viande de boucherie.

» Il y a peut-être cinq cents bouchers dans le département de la Seine qui sont leurs tributaires forcés.

» *Les chevillards disparaîtront avec un abattoir unique* annexé au marché central ; la vente à la criée, par des facteurs, frappera de mort cette industrie.

Conséquences fâcheuses de l'organisation actuelle du factorat.

» L'organisation actuelle du factorat a entraîné des conséquences fâcheuses :

» Perte d'argent pour les facteurs ; désir par quelques-uns d'entre eux de s'en récupérer par des *asssociations avec des commissionnaires* qui ont profité du *privilége* des places.

» Mais pour faire du factorat une institution réellement utile, nous pensons qu'il doit être obligatoire pour toutes les transactions ayant lieu sur le marché central, obligatoire lui-même.

Factorat obligatoire.

» Le factorat obligatoire fournira le meilleur élément de statistique dans l'intérêt des éleveurs et de l'administration, et sera, sous le contrôle qui lui est sagement imposé, l'intermédiaire le plus loyal et le moins coûteux entre l'éleveur et le consommateur.

» La factorerie centrale supprimerait donc d'un seul coup les chevillards, tous les intermédiaires entre l'étable et le marché à la criée, les associations des facteurs et les industries parasites.

Abolition de la garantie nonaire.

» La garantie nonaire est l'obligation imposée au vendeur de restituer au boucher le prix de l'animal mort dans les neuf jours de la vente.

» Abus énorme contre lequel se sont prononcées toutes les commissions administratives, et qui subsiste encore, de par la volonté du tribunal de commerce, malgré le décret du 24 février 1858.

» La garantie nonaire a été instituée ou consacrée par un arrêt du parlement de 1673, maintenue par un autre arrêt de règlement du 13 juillet 1699.

» Elle avait pour but de sauvegarder l'acheteur des conséquences des maladies engendrées par des marches forcées : c'était une mesure de salubrité.

» La question s'est débattue solennellement, le 19 janvier 1841, devant la Cour de cassation. M. Delangle, alors avocat général, fit, dans un remarquable réquisitoire, justice de tous les arguments favorables à la garantie nonaire ; mais l'arrêt de la Cour suprême la maintint.

» Aujourd'hui les facteurs sont obligés, par l'ordonnance du 30 mars 1858, de rembourser le montant des ventes à leurs commettants le soir même du marché..... Comment pourraient-ils encore être obligés à rembourser l'acquéreur ?

» Les chemins de fer épargnent aux animaux des marches forcées ; la centralisation du marché, de l'abattoir et de la criée des viandes en gros, amenant une surveillance et une inspection faciles avant la vente, la garantie nonaire n'a plus de raison d'être. *(Extrait de la brochure des facteurs.)*

» Nous voulons que le commerce de la boucherie soit libre, mais nous ne voulons pas qu'on soit libre de nous empoisonner. » (M. V. Borie, *Siècle*, 13 août 1857.)

Le tribunal de police correctionnelle a prononcé, en 1858 :

284 condamnations correctionnelles.

22	condamnations	pour vente de viande corrompue ;
6	—	pour vente d'animaux morts naturellement ;
171	—	pour vente de veaux trop jeunes ;
85	—	pour contravention ou tromperie.
284	condamnations.	

« L'interdiction absolue de laisser entrer des viandes par les cinquante-sept barrières n'est point une limitation de la liberté ; c'est, au contraire, une mesure qui doit sauver la liberté en garantissant la sécurité publique.

» L'abattoir, rendu obligatoire pour tous les bouchers sans exception (réguliers ou forains), suppose implicitement cette interdiction. Par cette mesure, on calme les esprits que la liberté pourrait effrayer, et on assure l'inspection sérieuse, sincère, des viandes que Paris doit consommer. » (M. V. BORIE, *Siècle*, 13 août 1857.)

« La liberté de la boucherie n'est possible qu'avec l'établissement d'une factorerie. » (M. V. BORIE, *Siècle*, 4 septembre 1857.)

Les bouchers forains et la vente à la criée des Prouvaires.

Les bouchers forains apportent dans Paris, par les cinquante-sept barrières, des viandes dépecées qui sont revendues, dans les étaux des halles et marchés, concurremment avec les viandes débitées par les bouchers de Paris.

La banlieue de Paris ne possède pas d'abattoirs obligatoires.

Les bouchers forains achètent le bétail où ils veulent, et le sacrifient chez eux.

Ils ne sont donc astreints ni à faire leurs achats à Sceaux ou à Poissy, ni à présenter les animaux à l'abattoir.

Par conséquent, ils échappent complétement à l'inspection de la police sanitaire. Aussi les bêtes malades, les vaches phthisiques des nourrisseurs, toutes les viandes mauvaises ou insalubres que rejette le commerce régulier, font l'objet du trafic des bouchers forains, et sont vendues impunément sur les marchés de Paris.

« Il faudrait cinquante-sept inspecteurs aux cinquante-sept barrières, disait M. Pommier, maire de Belleville, dans l'enquête législative de 1851, pour essayer d'empêcher l'introduction des viandes malsaines dans Paris. »

Plusieurs petits bouchers des environs de Paris ayant fourni aux soldats du 1er corps d'armée des viandes corrompues, l'autorité militaire supérieure s'est vue dans l'obligation d'intervenir et de consigner leurs établissements aux troupes. (*Patrie*, 14 novembre 1860.)

« Nous le demandons à M. le Directeur général lui-même, ajoute, le 14 septembre 1855, M. Périer, vice-président du conseil municipal, quelles mesures veut-il que l'on prenne pour empêcher l'entrée dans Paris des viandes malsaines? Il ne propose pas de convertir en vétérinaires ou en inspecteurs de la salubrité tous les commis de l'octroi chargés, à nos cinquante-sept barrières ouvertes, de percevoir les droits d'entrée? »

Cette facilité d'introduire toute sorte de viandes dans Paris a créé une spécialité de bouchers marrons connus sous le nom de *mercandiers*.

« Qu'est-ce que vous appelez *mercandiers*? demandait M. Lanjuinais au *maire de Belleville*.

» R. Ce sont des marchands forains que nous poursuivons à outrance, que nous faisons saisir et condamner pour vente de mauvaise viande; il y en a parmi eux qui ont la patente de boucher, et qui sont censés faire abattre à l'abattoir; mais ils n'y viennent jamais, car leurs bestiaux n'y seraient pas reçus. Ce sont presque toujours des animaux atteints de maladie qu'ils abattent chez eux, qu'ils introduisent chez nous, et *qu'ils font surtout passer dans l'intérieur de Paris.* »

Les *mercandiers* contribuent pour une bonne part à alimenter les marchés publics de Paris, et on voit quelle confiance on doit avoir dans la viande qu'ils débitent.

Mais ils ne sont pas les seuls à nous apporter de la mauvaise viande. Les bouchers réguliers de la banlieue ne font guère mieux.

Voyez plutôt.

On demande au maire de la Chapelle :

« Quel est le nombre de vos bouchers qui vendent soit à la criée, soit sur les divers marchés de Paris?

» R. Il y en a beaucoup. Sur trente-six bouchers, sept ou huit seulement s'abstiennent d'y venir. Je crois, que notre commune fournit considérablement à l'approvisionnement de Paris, *et, il faut le dire, ce n'est pas toujours ce qu'il y a de mieux.* »

M. Lanjuinais demandait au maire de Nanterre si les bouchers de la commune envoyaient des porcs à la criée. Le temoin répondit :

« La vente à la criée, c'est dangereux : un marchand qui apporte au marché 1,000, 2,000 pesant, a besoin de vendre sa marchandise. Mais, pour la vendre, il faut qu'il en trouve un prix. S'il n'en trouve pas de prix, il est obligé de la *serrer*. Si le lendemain il n'en trouve pas encore de prix, il faut bien qu'il la vende; il ne peut pas la *serrer* toujours; car la viande, ce n'est pas du blé : elle se gâte.

» Tout cela fait qu'il se vend à la criée des marchandises *qui ne devraient pas s'y vendre.* Mais comment empêcher cela? Quand il se trouve à la criée 20, 30, 40, 50,000 pesant, je vous demande ce qu'on peut en faire, sinon de les vendre à tout prix, sans doute, mais en *toute qualité. Tout cela peut causer de grands dangers,* faites-y attention. »

(M. V. Borie, *Question du pot au feu*, page 16.)

« Si les viandes des bestiaux *faits* (abattus) trop tôt sont désagréables à l'œil et perdent en qualité, il ne faut pas croire qu'elles sont malsaines. On peut manger sans inconvénient des viandes d'animaux malades, quelle que soit leur maladie. Ainsi on a mangé sans accident des bœufs charbonneux, des chevaux morveux, maladies qui sont contagieuses. Au reste, **on sait que les poisons animaux n'agissent que s'ils pénètrent dans la circulation par une incision.** On peut avaler sans danger le venin du serpent à sonnettes, dont une goutte dans une piqûre cause promptement la mort. Pourvu qu'on n'ait aucune écorchure à la bouche, au palais ni dans le tube digestif, on peut manger impunément les viandes d'animaux les plus malsains. L'expérience s'en fait malheureusement tous les jours dans les grande villes.

» *Il existe une race de bouchers connue sous le nom de* **mercandiers;** *ce sont les plus grands fraudeurs qui existent.* Ils font commerce de toutes sortes de viandes d'animaux morts de maladie et même en putréfaction ; *ils font subir à ces viandes sans nom toutes sortes de préparations ajoutant du sang* pour donner de la couleur, masquant l'odeur comme ils peuvent, et, par ces transformations, vous servent le morceau que vous demandez. *Ces marchands rôdent autour des barrières, dans les* endroits les moins surveillés, débitent leurs marchandises dans les cabarets et les *gargotes* de la banlieue, habiles à fuir la police, changeant de nom tous les jours, sans domicile avoué. C'est surtout les jours de fête que ce commerce prend tout son développement. *Eh bien, personne n'est mort empoisonné* par cette nourriture ! Puisque ces viandes ne sont pas insalubres, pourquoi, dira-t-on, en empêcher la vente? **A cela on peut répondre** que si, par des expériences scientifiques, on a constaté que ce *n'étaient pas là des poisons immédiats,* il n'est pas à dire que ce *soient des aliments profitables. Il ne suffit pas que la viande ne soit pas insalubre, il faut qu'elle soit salubre. Non-seulement la nourriture ne doit pas détruire le corps, mais encore elle doit le nourrir.* Il n'y a pas d'animal insalubre; on a mangé de tout, jusqu'à du cuir; *mais il ne faut pas croire qu'il n'y ait aucun inconvénient pour la santé publique à laisser vendre les viandes gâtées des mercandiers; malheureusement l'ignorance et l'indigence leur amènent des chalands attirés par le bas prix de la marchandise. Ceux-ci tireraient plus de profit en achetant, pour le même prix, une quantité beaucoup moindre de bonne viande.* On a réclamé, au nom de la liberté des transactions, la liberté du commerce de la boucherie. Si malgré une police active, de pareils faits se produisent encore, que serait-ce si le gouvernement cessait la surveillance qu'il exerce? Qui peut prévoir l'*étendue du péril où tomberait la salubrité publique?* »

Baudement.

Il existe aux archives de l'assistance publique le rapport d'une commission médicale qui fut chargée le 14 avril 1841, par le conseil général des hospices, d'étudier la question de salubrité des viandes. Voici ce qu'on lit dans ce rapport :

« La qualité de la viande, et son origine surtout, ne se révèlent pas assez facilement pour que l'examen des directeurs des hôpitaux, ou des chefs de service de santé, offre, à notre avis, aucune sécurité ; *et sur ce point, nous n'hésitons même pas à nous déclarer avec sincérité tout à fait incompétents.*

» Les fraudes en ce genre (la chair des animaux morts de maladie, et des bêtes malades avant d'être abattues mise dans le commerce), sont trop communes à Paris *malgré la vigilance de la police*, pour qu'il ne soit pas à craindre qu'elles s'étendent à la fourniture des hôpitaux. *L'administration est donc obligée de s'en rapporter* à la loyauté des adjudicataires. Nous ne croyons pas, et sans doute elle ne croit pas plus que nous que ce soit une garantie suffisante. »

En ce qui touche aux viandes et notamment aux viandes sans nom qui sont vendues à la criée actuelle, voici ce qu'on lit, page 2 d'une brochure publiée le 15 juin 1848 par M. Rilliot, adjoint du syndicat de la boucherie de Paris :

« La Société de secours mutuels de la boucherie, qui compte un grand nombre de membres, » *n'a presque jamais de malades;* la plupart des sociétaires sont forts et vigoureux, et cependant » bon nombre d'entre eux, constamment exposés à l'intempérie des saisons, passent la nuit » deux ou trois fois chaque semaine, et se livrent souvent quarante-huit heures sans désem- » parer aux travaux les plus rudes sans en être incommodés.

» A quoi attribuer cette grande vigueur, cette santé inébranlable qui résiste à toutes » les épreuves, si ce n'est à l'usage habituel et presque exclusif d'une viande de premier » choix. »

Cet aveu pratique, joint au dire consigné, pages 20 et suivantes du rapport de M. oulay (de la Meurthe) et à la déposition du frère Philippe, page 321 de l'Enquête législative, tome Ier, où il dit acheter 75 kilog. de viande pour deux cent soixante frères, ce qui fait pour chacun une ration journalière de 288 grammes au lieu de 286 grammes indiqués comme ration normale par MM. Boussingault et Payen, de l'Institut, prouve bien que la viande est un aliment de première nécessité.

Revue municipale n° 327, 1er février 1860, page 32 :

« Les tueries sont rangées dans la première classe des établissements insalubres, compre- » nant ceux qui doivent être éloignés des habitations particulières. »

(*Ordonnance du* 14 *janvier* 1815.)

Nécessité d'un abattoir central.

« Les abattoirs publics et communs à ériger dans toute commune, quelle que soit sa popu- » lation, sont rangés dans la première classe des établissements dangereux, insalubres ou » incommodes. » (*Ordonnance du* 15 *avril* 1838.)

« C'est en vue de la tranquillité et de la santé des habitants que ces mesures étaient prises.

» A l'origine de leur construction, les abattoirs étaient isolés et entourés de rues et places spacieuses ; mais, depuis, la population parisienne s'est considérablement accrue, les travaux d'embellissement et l'ouverture de grandes voies de communication au centre de la capitale ont déplacé une certaine partie des habitants, qui sont allés se grouper et porter la vie et l'activité aux extrémités de la ville, en dedans et en dehors du mur actuel d'octroi.

» Par suite de ce mouvement progressif, les abattoirs existants sont déjà entourés d'une population considérable au milieu de laquelle les bestiaux achetés pour Paris ont à se frayer un passage pour arriver jusqu'aux dits abattoirs.

» D'un autre côté, l'extension des limites de Paris jusqu'aux fortifications devenant un fait accompli, le chemin de ronde disparaîtra avec le mur actuel de l'octroi. La circulation des bestiaux deviendra de plus en plus un encombrement dangereux, et les abattoirs une cause de malaise et d'insalubrité.

» Les avantages de leur concentration dans le marché même où s'effectuerait la vente des bestiaux sont incontestables.

» Leur organisation nouvelle serait combinée de manière à apporter une grande économie dans la préparation des viandes, etc.

» L'inspection et la surveillance deviendraient beaucoup plus faciles pour l'autorité.

» Enfin la diminution des frais généraux de toute nature amènerait la diminution dans le prix de la viande. »

Aujourd'hui, voici ce qu'on lit dans le mémoire présenté par M. le sénateur préfet de la Seine au conseil municipal de Paris, au sujet d'une nouvelle émission d'obligations de ladite ville, à la date du 15 juin 1860 :

« La ville de Paris avait depuis longtemps conçu le projet de réunir et de ramener à ses portes les deux grands marchés à bestiaux qui l'approvisionnent encore aujourd'hui ; elle hésitait à joindre la dépense d'une entreprise si considérable à toutes celles dans lesquelles les grands travaux qu'elle poursuit l'ont engagée, et ne voulait faire tout d'abord que l'acquisition des terrains. Depuis que le déplacement de l'enceinte municipale a été résolu, non-seulement un ajournement même partiel de l'opération n'est plus possible, mais encore *une nouvelle nécessité s'est révélée*. Les abattoirs, qui naguère étaient contigus au mur d'octroi, se trouvent aujourd'hui au milieu même de la ville, entourés d'habitations qui se pressent et se multiplient. Le passage constant des bestiaux, les émanations fétides que répandent les tueries et les fonderies ne manqueraient pas de compromettre bientôt la sécurité des rues voisines et l'hygiène publique. *Il est donc urgent de déplacer les abattoirs*, et, dès lors, pour mieux assurer l'approvisionnement, l'économie des frais de transport, le bon marché de la denrée, la facilité des opérations du commerce, il importe, en les réunissant en un seul établisssement, de les rapprocher du marché à bestiaux.

» L'expropriation des vastes terrains indispensables à cette double entreprise a été récemment consommée. Ils sont situés à la Villette, attenant aux fortifications et circonscrits par la rue Militaire, les routes d'Allemagne et de Flandre et le canal Saint-Denis. Le canal de l'Ourcq les traverse. *L'acquisition s'est faite au prix de* 8,400,000 *fr.*

» La construction d'un ensemble complet de marché et d'abattoirs, ne coûtera pas moins de 27,080,827 fr. 91 c. Un chemin de fer spécial, embranché sur le chemin de fer de Ceinture, et coûtant 600,000 fr. environ, rendra le marché et les abattoirs voisins de toutes les gares de Paris. L'exécution immédiate et simultanée de tous les travaux n'est point nécessaire : il est possible de scinder l'opération de telle sorte que la dépense de construction s'abaisse d'abord à 17,357,146 fr. 07 c.

» *On peut concéder l'entreprise du marché à bestiaux*; mais je doute que le même expédient fût praticable pour les abattoirs. La dépense à faire par la ville, de ce chef, ne saurait jamais *être moindre de* 15 *millions*, terrains compris. Elle s'élèvera, dans le cas d'une installation complète, à 18 millions.

» *Cette dépense pourrait être compensée, en grande partie, par la vente des terrains occupés par les abattoirs actuels* ; mais il est à craindre que ces terrains ne soient nécessaires pour d'autres établissements et ne deviennent même des occasions de dépenses nouvelles. »

Transformation des abattoirs actuels en marchés d'arrondissements.

Transformation des abattoirs actuels en marchés d'arrondissements, à l'avantage de tout le monde et notamment des populations ouvrières qui entourent ces abattoirs.

D'après les observations de M. L. Millot, la distance de la halle centrale, prise comme point de centre, à chacun des cinq abattoirs, la distance entre chacun d'eux, de l'un à l'autre, au mur des fortifications, est, en moyenne, de 3,000 mètres.

On peut déduire de là que la population ouvrière, vivant aujourd'hui en majorité sur les points extrêmes de circonférence, a 6,000 mètres à parcourir pour venir à la halle centrale ; tandis que si les abattoirs étaient transformés en annexes de la halle centrale, ces mêmes ouvriers ou leurs ménagères, pour qui le temps est de l'argent, n'auraient plus que 1,500 mètres à parcourir, c'est-à-dire le quart de la distance totale, pour se procurer, au prix de la halle centrale, les aliments qui leur sont vendus actuellement avec une différence de près de 300 0/0 par des intermédiaires.

Enfin, comme conséquence, on arriverait à supprimer les petites voitures à bras qui encombrent la voie publique, et dont le nombre s'élève à 4,500.

Pour la transformation des abattoirs en marchés d'arrondissements, voir l'opinion de M. le préfet de la Seine, page 14 du *Rapport de la sous-commission administrative*, séance du 9 juillet 1856 ; le *Rapport sur les Halles centrales*, juin 1851, page 36 ; la *Revue municipale*, mai 1855, page 1449 ; même *Revue*, n° du 20 octobre 1857, page 116.

M. le préfet de la Seine dit, page 14 du *Document de la sous-commission administrative* de 1857, à propos du rapprochement des marchés sous les murs de Paris :

« *Mieux vaut prendre le parti d'en créer d'autres dans de meilleures conditions et avec les facilités de communication directe que le chemin de fer de Ceinture assure à tous les points de la France*, avec des marchés établis à la porte de Paris.

» *On pourrait ainsi préparer le parc de bestiaux à l'intérieur, indiqué comme une nécessité en cas de guerre , dans les discussions législatives sur la loi des fortifications.*

» Enfin, *on reconnaîtra* peut-être *la convenance d'annexer aux marchés les abattoirs eux-mêmes, pour en débarrasser successivement la ville.* »

L'art. 5 du projet de décret confirme ces dires et ceux précédemment émis par le Conseil municipal de Paris, le 7 mars 1851, le 29 mai 1855, le 20 juin 1851, le 15 mars 1851, le 19 octobre 1855, le 13 mars 1856.

« L'importance des *Halles centrales* est appelée à décroître par cette raison et par d'autres que nous allons énumérer. *Autrefois*, cet immense marché était entouré de quartiers sillonnés de ruelles étroites, principalement habitées par les *classes* ouvrières et *pauvres* qui, naturellement, *tiraient profit* de leur proximité des *halles*.

» L'administration municipale, dans un double intérêt d'assainissement et de sécurité publique, a transformé ces vieux quartiers, afin que la circulation partant du centre régénéré affranchi, pût rayonner partout dans Paris.

» Mais le bien qui s'est produit a provoqué *l'émigration de la classe ouvrière ; elle a dû abandonner* les quartiers avoisinant *les Halles centrales*, parce que les locations étaient devenues à un prix trop élevé. Maintenant elle est remplacée par une population commerçante et riche.

» Cette nouvelle population bénéficie donc aujourd'hui *et sans en avoir besoin, du voisinage des halles, où toutes les denrées sont à meilleur marché que dans les quartiers excentriques, où se sont réfugiés forcément les artisans et les ouvriers. Leur déplacement rend donc les Halles centrales moins humainement utiles*, et commande *la création des marchés secondaires;* c'est là précisément ce que le génie de Napoléon avait deviné.» (*Revue municipale*, page 106, n° 244.)

« *M'apportez-vous, monsieur le préfet*, des études concernant *un bon système d'approvisionnement de la ville ?*

» Et comme le préfet s'excusait en disant qu'il avait songé seulement à la halle du centre :

» — *Votre halle*, répliqua Napoléon, *ne satisfera pas* le moindrement *à tous les besoins qui s'accusent; la femme de l'ouvrier, la bonne ménagère qui habite le faubourg Saint-Marceau* ou celui du *Roule, ne perdra pas deux heures* pour ALLER *à votre Halle centrale*. MULTIPLIEZ *vos marchés d'arrondissements;* créez-en ici, là, partout où l'ouvrier le demande, où la bonne ménagère le réclame. » (*Revue municipale*, mai 1855, page 1459.)

« Cette appréciation administrative, qui date de quarante-six ans, est plus que jamais à l'ordre du jour en présence de la décentralisation de la population que la cherté des loyers refoule vers les extrémités de la ville. »

« Beaucoup de quartiers de Paris sont dépourvus de marchés, notamment tout l'espace compris entre le faubourg Saint-Martin et le faubourg du Roule (3 kilomètres), où il n'existe qu'un marché, celui de la Madeleine, et qui n'a pas d'étaux de boucherie foraine. Il en résulte que lorsque, par exemple, une cuisinière ou une mère de famille veut aller elle-même à la boucherie pour se procurer de la viande à bon marché, elle est obligée de se rendre au marché des Prouvaires. Mais pour aller, venir et faire son marché, il ne lui faut pas moins de trois heures; mais ce temps aussi a sa valeur, et elle préfère alors s'adresser au boucher de son quartier, dont elle est tributaire, et qui lui fait la loi.

» Si la loi du 11 frimaire an VII donne aux communes le droit exclusif d'avoir des marchés, elle leur impose nécessairement l'obligation d'en créer lorsque les besoins de la consommation l'exige; or, depuis trente ans, l'administration de Paris n'a pas construit de marchés, et cependant, depuis trente ans, la population a augmenté de 100,000 âmes.

» Voilà, Messieurs, une des plaies de la ville de Paris. De nouveaux marchés seraient un moyen de mettre la vie à bon marché, en prenant l'expression daus sa bonne acception. Ainsi, Messieurs, c'est dans ces limites-là que je crois qu'on doit faire concurrence aux bouchers de Paris, sans détruire leur corporation, qui est un sécurité pour les temps difficiles qne nous avons à traverser. »

(M. CORDIER. *Enquête législative*, page 34.)

« M. LANGLAIS. — La conséquence de tout ceci, c'est qu'il serait utile de multiplier les marchés. »

(Page 35, 1er volume.)

« Des faits sont exercés, les chiffres sont posés, qui sont le résultat de longues et consciencieuses recherches; *examinons* et étudions, en hommes sérieux, avant de dire sur la foi d'une opinion toute faite : CELA N'EST PAS POSSIBLE! *C'est ainsi que les abus s'éternisent et s'imposent par la seule force de l'habitude.*

» Combien de choses sont réputées *impossibles*, qui ne sont que trop vraies? *La négation est facile, la discussion l'est moins;* l'une est le refuge de l'ignorance ou de la paresse, peut-être même de l'intérêt; l'autre est l'arme de l'intelligence et de la loyauté, habituées A VÉRIFIER LA VALEUR d'une raison ou d'un fait avant de les repousser ou de les admettre.

» C'est à l'intelligence, c'est à la raison de chacun et de tous que nous nous adressons. »

(*Les Mystères de la boucherie*, par M. E. BLANC, page 48.)

SOMMAIRE DE LA DEUXIÈME PARTIE

PROGRAMME COMPLET DU PROJET
PRÉSENTÉ PAR SON AUTEUR, L. GIRARD, LE 15 JANVIER 1851 (1).

Plan figuratif et vue perspective avec légende.

CE QUI NOUS A GUIDÉ DANS LE CHOIX DE L'EMPLACEMENT.

COMPARAISON DES LOCALITÉS ET CHOIX DE L'EMPLACEMENT DU MARCHÉ CENTRAL A BESTIAUX AVEC ABATTOIR UNIQUE.

PLAN D'ENSEMBLE AVEC LÉGENDE

TABLEAUX ÉCONOMIQUES (1).	**Domaine agricole. — Production des animaux de boucherie. — Compte du producteur. — Système actuel. — Système nouveau.** **Consommation de Paris. — Commerce des viandes de boucherie. — Compte de la consommation et des intermédiaires. — Système actuel. — Système nouveau.**

ANTÉRIORITÉ (1).	**Projet de décret ou ordonnance présenté par son auteur, L. Girard.** **Décret impérial du 24 février 1858** (1).

OPINION GÉNÉRALE.	**Sur les réformes proposées par nous dès 1851, et presque toutes acceptées isolément depuis la même année.**

NOTES DIVERSES CONCERNANT LE PROJET	**Depuis le 15 janvier 1851 jusqu'en 1860.**

---

(1) Le lecteur est prié de lire l'antériorité, feuilles 5, et les notes pages 49 et suivantes, et celles de la première partie, pages 31 et suivantes.

PROGRAMME COMPLET

DU PROJET

Présenté par son auteur, L. GIRARD, *le* 15 *Janvier* 1851.

Solution radicale de la question de la production et du commerce des viandes par l'établissement à Paris d'une Factorerie centrale opérant à commission déterminée, comme seul intermédiaire entre l'expéditeur vendeur et l'acheteur urbain, sous le contrôle de l'autorité.

Cette Factorerie, qui ferait compte de tout et qui tiendrait compte de tout, serait en outre chargée, moyennant concession, d'acquérir 100 hectares ou 1,000,000 de mètres de terrains encore en culture, qui sont situés derrière le cimetière du Père-Lachaise, entre Belleville, Ménilmontant et Charonne.

La Factorerie concessionnaire serait également chargée d'édifier et d'établir à ses frais, risques et périls :

Un entrepôt franc, pour la réception, le séjour et la répartition des animaux ;

Une grande gare ad hoc, *couverte*, liée au chemin de fer de Ceinture pour l'arrivage et la répartition des animaux ;

Des Bouveries, bergeries, porcheries, cases à vaux, préaux et **parcs d'attente** pour les animaux ;

Un marché central couvert pour la vente des animaux sur pied ;

Un abattoir unique pour l'abattage des animaux, en remplacement des abattoirs actuels qui n'ont plus de raison d'être ;

Une halle de criée pour la vente des viandes en gros sortant de l'abattoir unique ;

Une caisse de paiements pour les opérations journalières.

Voici quels seraient les avantages de l'adoption et du fonctionnement de cette puissante institution :

Un approvisionnement constant d'animaux vivants pour huit jours de consommation, ce qui permettrait une surveillance entière et complète de la qualité des animaux et des viandes.

La Factorerie procéderait quotidiennement à la vente des produits à la criée publique.

Les ventes et les achats se faisant à la criée, les vendeurs et les acheteurs sont libres ; mais la criée étant obligatoire, les mercuriales sont sincères, les prix et les cours authentiques.

Il n'y aurait point de monopole, de spéculations occultes, ni de coalitions possibles, la France entière, et même l'étranger, contribuant par les chemins de fer à l'approvisionnement de Paris.

Soixante millions d'économie annuelle sur les frais et les intermédiaires.

Transformation des abattoirs actuels en marchés d'arrondissement.

Accroissement des revenus de la ville de Paris, tant dans le présent que dans l'avenir, par la vérité des transactions.

A l'expiration de la concession, la ville entrera en possession des établissements créés.

L'unité d'opération, d'arrivage, de vente, d'abatage, de criée des viandes en gros, de répartition des produits après la vente, et la concentration des services de toute espèce, amèneront une réduction de frais et d'intermédiaires.

La Factorerie centrale proposée donnerait satisfaction à la ville de Paris, aux détaillants de viande et à tous les intérêts engagés, depuis l'étable ou l'herbage jusqu'à la marmite du consommateur.

Projet présenté par son auteur, L. Girard, le 15 janvier 1851.

Ce projet a été examiné dans son ensemble par Sa Majesté l'Empereur, et, sur l'ordre de Sa Majesté, envoyé à Son Excellence M. le Ministre de l'Agriculture, qui, après instruction, l'a adressé à l'administration municipale de la ville de Paris, où il a été examiné *administrativement* par la commission administrative qui a fonctionné du 14 mai 1856 au 11 février 1857. Depuis, le projet a été examiné par M. le sénateur préfet de la Seine, qui, d'accord avec S. M. l'Empereur, en a confié l'examen à une nouvelle commission.

Il a été en outre admis à l'Exposition universelle d'agriculture de 1856, sous le n° 892 *bis*, comme modèle en relief des établissements projetés.

La vue en perspective que nous donnons feuilles 1 et 2 et les plans de détail ont été également admis à l'Exposition des beaux-arts, salon de 1857, sous le n° 3,430 du catalogue.

A ceux qui nous reprochent le grandiose des établissements que nous proposons, bien qu'il n'y ait rien de trop beau ni de trop grand lorsqu'il s'agit de Paris, capitale de la France, qui a non-seulement une importance nationale, mais européenne, nous citerons le mot de Charles-Quint à François Ier : *Lutetia non urbs, sed orbis,* qui ne fut jamais plus vrai qu'à notre époque.

« Les chemins de fer, d'ailleurs, sont destinés à créer d'immenses agglomérations en chaque » pays, et il faut aux grands centres une organisation toute nouvelle. C'est à ce point de vue » élevé qu'il convient de se placer pour juger sainement des besoins actuels et futurs de Paris, » qui comptera, à la fin du siècle, *deux millions et demi d'habitants*, si, comme tout le fait pré- » sumer, l'accroissement de la population ne s'arrête pas. La bonne administration est celle » qui sait concilier les possibilités du présent et prévoir l'avenir en rejetant les demi-mesures, » solutions provisoires et toujours coûteuses. »

CE QUI NOUS A GUIDÉ DANS LE CHOIX DE L'EMPLACEMENT

Répartition de la population de Paris, y compris la garnison.

Paris se divise en deux parties bien distinctes. La première, en amont du Pont-Neuf, renfermant la population sédentaire; la seconde, en aval du Pont-Neuf, renfermant la population aisée et riche émigrant de Paris huit mois sur douze.

Les dix arrondissements d'amont comptent 927,894 habitants, dont 56,749 patrons, 305,545 ouvriers, ensemble 362,294 travailleurs, produisant annuellement 1,300 millions.

Les deux arrondissements d'aval, premier et dixième, comptent 246,452 habitants, dont 8,067 patrons, 36,985 ouvriers, ensemble 45,052 travailleurs, produisant annuellement 173 millions.

Ces chiffres prouvent que c'est sur la rive droite et vers l'est de Paris que se trouvent la consommation en vue de laquelle il s'agit de créer les établissements projetés. Donc il faut placer le marché en amont du Pont-Neuf, considéré comme le centre de Paris!

La population de la rive droite (Paris et banlieue) est de 1,378,135 habitants. La rive gauche n'en a que 349,286.

Nous avons placé de préférence les établissements projetés à Ménilmontant, entre Belleville et Charonne, parce que ce point est d'un accès facile, isolé de toutes parts, lié au chemin de Ceinture, arrosé par dix-sept sources naturelles, et traversé dans son milieu par la route départementale n° 40, sous laquelle existe une conduite d'eau de 0m,35 de diamètre.

Eaux.

« Il faut pour le service quotidien de l'abattoir Montmartre, 90,000 litres d'eau pour l'importance des services de 22,339,857 kil. » (Bizet, page 101.)

Le réservoir et la conduite de la Compagnie des eaux sont pour Belleville à l'altitude de 122 mètres. Le niveau moyen des terrains proposés n'est qu'à l'altitude moyenne de 83 mètres. Le dernier rapport de la Compagnie des eaux dit :

« Il n'est pas un point du territoire de la banlieue, si élevé qu'il soit, que l'eau de la Compagnie ne puisse atteindre. »

« Le projet de détourner le cours de la Soude, rivière du département de la Marne, dont les eaux sont d'une grande pureté, pour les amener sur les hauteurs de Belleville, occupe de nouveau l'administration. » (*Siècle*, 2 février 1858.)

Pourquoi cinq abattoirs

« Les abattoirs d'amont (Montmartre, Popincourt et Villejuif) fournissent 39,344,079 kilog., tandis que ceux d'aval (Roule et Grenelle) fournissent 10,649,317 kilog.

» La rive droite compte aujourd'hui quatre cents bouchers réguliers; la rive gauche n'en possède que cent: donc il faut placer le marché unique sur la rive droite de la Seine.

» L'odeur de la suifferie est détestable, elle est nauséabonde, et si elle ne rend pas malade, elle fait éprouver un dégoût qui équivaut à une maladie (1).

Orientation. Météorologie.

» Il est donc sage de placer un tel *incommodo* dans les lieux où de pareils inconvénients sont perpétuellement en action. (M. Bizet, *Du commerce de la Boucherie*, page 158.)

D'après M. L. Millot, sur des déductions d'observations faites pendant vingt-six ans, le vent d'est ne soufflerait sur Paris que vingt-trois jours sur trois cent soixante-cinq. On comprend pourquoi les établissements à odeur nuisible doivent être portés vers l'est.

---

(1) Le lecteur est prié de voir la note du sénateur préfet de la Seine dans les notes ci-jointes.

COMPARAISON DES LOCALITÉS

ET CHOIX DE L'EMPLACEMENT DU MARCHÉ CENTRAL A BESTIAUX AVEC ABATTOIR UNIQUE.

[...]mparaison des loca[...]ités choisies pour [...]'emplacement du [...]marché central.

Emplacement de Belleville, Ménilmontant et Charonne.

Les terrains encore disponibles de Belleville, Ménilmontant et Charonne, ont une superficie de 100 hectares, ou 1 million de mètres superficiels non utilisables pour l'industrie.

Ils sont situés à l'altitude moyenne de 83 mètres sous les vents d'est, qui ne règnent sur Paris que vingt-trois jours sur trois cent soixante-cinq. Ils sont isolés de toutes parts, avancent sur l'axe de Paris et dominent la ville.

L'air, comme sur tous les terrains élevés, y est vif et salubre, et en toute saison favorable aux animaux et à la conservation des viandes abattues.

Ces terrains, d'un accès facile, sont bornés au nord par la route départementale n° 26, à l'ouest par les boulevards extérieurs de Paris, au sud par la route n° 28, à l'est par la route n° 40, sous laquelle passe une conduite d'eau de 0m,35 de diamètre pour l'approvisionnement des réservoirs des établissements.

Placé sur ce plateau élevé, le marché central serait dans les conditions d'hygiène les plus favorables ; en dehors de tout contact avec les habitants, quoique à proximité de la population ouvrière et sédentaire de Paris.

Emplacement de la Villette.

Les terrains de la Villette n'ont que 44 hectares disponibles, sur lesquels on prendrait 38 hectares pour le marché et l'abattoir unique, au détriment des docks (qui ont réclamé une partie de ces 38 hectares), des fabriques, des usines, du commerce et de l'industrie.

Ils sont à une altitude de 49m,94, en contre-bas de l'enceinte fortifiée, du chemin de fer de Ceinture et de celui de l'Est, et au niveau des canaux.

Ils sont au delà du pont de Flandre (qui pourrait être détruit) et entourés par les canaux de l'Ourcq et de Saint-Denis.

L'atmosphère y est donc humide, chargée de brouillards en toute saison, insalubre pour les animaux comme pour les viandes abattues.

L'air ne peut y circuler à cause des hauteurs de Belleville, du mur d'enceinte, des chemins de fer qui les dominent : il y est d'ailleurs constamment chargé de miasmes délétères, de toutes sortes d'agents de corruption, parmi lesquels surtout il faut citer les mouches, attirées par les cadavres putréfiés d'animaux jetés dans le canal pour cause de maladie. Foyer infect en temps de chômage, virus permanent, centre de corruption dangereux pour le bétail, inquiétant pour la population.

La couverture du canal Saint-Martin, la création des boulevards du Prince-Eugène, des Amandiers, et autres artères liées à ces grandes voies de communication, mettent les établissements proposés à quelques minutes du centre de la population.

Voir en outre la légende placée sous le plan figuratif du projet.

A tous ces inconvénients il faut ajouter ceux qui proviennent, d'une part, du dépotoir et du port d'embarquement des vidanges, qui répandent dans l'air, jour et nuit, malgré toutes les précautions prises, la plus grande infection, et développent un volume immense de gaz méphitiques ; d'autre part, des gazomètres, des usines et des fabriques dont le nombre est considérable.

Est-il rationnel, est-il sage de placer dans ce centre d'insalubrité les viandes destinées à l'alimentation des habitants de la capitale, au milieu d'une agglomération de plus de 30,000 âmes qui aurait à souffrir elle-même d'un pareil voisinage ?

Il ne faut pas perdre de vue d'ailleurs que la Villette, entre tous les ports français marchands, est le troisième port comme tonnage, et que l'importance de son commerce appellerait plus naturellement la *création d'entrepôts proprement dits sous forme de docks au bord du bassin.*

Voici ce qu'on lit dans la note publiée par le conseil municipal de la Villette, le 7 février 1859, à propos du projet d'annexion de cette commune à Paris :

« Ville essentiellement industrielle, la Villette comprend environ 282 hectares ; depuis quinze ans, les terrains en culture et les jardins y ont fait place aux ateliers ; le terrain qui s'y vendait à l'arpent est maintenant payé au mètre. Il n'est pas à la Villette une maison, un terrain qui ne soient presque entièrement occupés par l'industrie.

» Sa population, depuis 1820, s'est quintuplée. A cette époque, elle était de 6,000 âmes.

» Elle était de 30,000 âmes en 1856, et doit être aujourd'hui de 32,000.

» Sur 11,296 hommes, on compte 572 chefs d'établissements et 1,271 marchands.

» 9,453 ouvriers sont occupés dans des usines, ateliers, chantiers, et dans le bassin, qui ne reçoit pas moins de dix mille bateaux par an. »

Enfin, S. Exc. M. Delangle, alors président du conseil municipal, disait au sein de la commission administrative de 1857 :

« Le choix de cet emplacement placerait le marché sur un point où la vie est exubérante et où les constructions se pressent. »

OPINION GÉNÉRALE

SUR LES RÉFORMES PROPOSÉES PAR NOUS ET PRESQUE TOUTES ACCEPTÉES ISOLÉMENT DEPUIS JANVIER 1851.

Afin que l'on puisse décider avec connaissance de cause si nous étions et si nous sommes encore dans la vérité en présentant notre projet, nous tenant compte toutefois des circonstances graves qui, comme le décret d'annexion, nous ont forcés à modifier nos voies d'exécution, nous avons cru devoir reproduire les dires concernant notre projet depuis le **15** *janvier* **1851** *jusqu'à présent.*

On lit dans la *Presse* du 29 janvier 1851 :

« Si, lorsque la *Presse* a soulevé la question de la viande à bon marché, nous n'avions eu la conviction profonde que nous attaquions un de ces problèmes dont la solution est un des plus impérieux besoins du jour, les adhésions sympathiques qui ont accueilli nos paroles et nos vœux, les études et les faits qui les ont suivis, seraient certes de nature à ne laisser aucun doute dans notre esprit.

» Nous ne pouvions toucher une corde plus sensible; et il n'en est pas de meilleure preuve que la place importante prise par la question de la boucherie dans les préoccupations publiques, nonobstant les graves difficultés de la crise qui tourmente les hautes régions de la politique.

» Il est bien vrai que nos administrateurs, petits et grands, fidèles à leurs vieilles habitudes, en sont encore aux tâtonnements, aux enquêtes, etc.

» Mais tandis qu'ils ajournent, qu'ils hésitent, l'opinion publique travaille, et non sans succès; car, d'un côté, les bouchers vont d'eux-mêmes au-devant de la solution, en baissant leurs prix, et, de l'autre, l'industrie privée s'éveille, indiquant ses moyens d'action.

» *Nous avons déjà sous les yeux le projet d'un vaste établissement,* dont la création a été présentée par l'auteur, M. Girard, à la commission municipale, comme étant de nature à aplanir les difficultés qui l'arrêtent, dans la décision qu'elle est appelée à prendre sur le commerce de la boucherie.

» *Voici quel est ce projet :*

» Un marché central et quotidien de bestiaux de toute espèce serait créé à l'intérieur même de Paris, dans l'espace qui se trouve entre l'abattoir Ménilmontant et les fortifications. Puis à ce marché serait attachée, pour l'approvisionnement, une réserve de bétail vivant, que l'on établirait sur le plateau derrière le Père-Lachaise.

» Cette double création aurait, dans la pensée de l'auteur du projet, d'immenses avantages au triple point de vue de la *modération du prix de la viande, de la santé publique* et de l'approvisionnement de la capitale.

» D'abord elle supprimerait un grand nombre d'intermédiaires, ensuite le producteur trouverait dans le *factorat* des moyens faciles et sûrs d'écouler ses produits en s'adressant directement à lui ; enfin, de son côté, le factorat fournirait les indications loyales d'origine, de poids et de qualité des bestiaux, et les facilités qu'il accorderait pour le paiement du prix, mettraient le boucher détaillant en position de s'approvisionner directement sur le marché des mains même du producteur.

» *Par ce moyen, entre le producteur et le consommateur*, il n'y aurait donc d'autre intermédiaire que le boucher et le factorat, d'autres primes à payer que le prix de deux services rendus; tandis qu'aujourd'hui il n'est pas rare de rencontrer cinq ou six intermédiaires, et de voir, par conséquent, *cinq ou six* primes prélevées sur la tête de la même bête, au préjudice commun de la consommation et de la production.

» L'approvisionnement général de Paris gagnerait en sécurité à la réalisation de ce projet, en ce que l'établissement de la réserve permettrait de recevoir tous les bestiaux que la production voudrait diriger sur Paris, et de ne les livrer à la vente ou à la consommation qu'au fur et à mesure des besoins.

» Ainsi, l'on éviterait : pour la production, la perte qu'elle encourt infailliblement lorsque les marchés de Sceaux et de Poissy étant encombrés, les bestiaux restent invendus; et pour la consommation comme pour la production, celle qui résulte du sacrifice que l'on est obligé de faire des viandes et des poissons excédant les besoins, par suite d'un approvisionnement excessif, et qu'après un temps on est obligé de jeter, comme dangereux pour la santé publique.

» Ces deux sources d'alimentation qui se font concurrence sur nos marchés, seraient ménagées, de manière à ce que l'abondance fût toujours un bien et jamais un danger.

» A ces deux points de vue, le projet dont nous nous occupons présente des avantages qui nous paraissent assez fondés pour mériter l'attention des hommes qui s'occupent de RÉSOUDRE L'IMPORTANT *problème de la vie à bon marché.*

» Le Gouvernement, les deux Préfectures, la Chambre de commerce, la Société Impériale d'Agriculture, les communes de Belleville et Charonne, sont également saisis de ce projet depuis la même époque. »

On lit encore dans la *Presse* du 30 juin 1852 :

« La liberté qu'il s'agit de rendre au commerce de la boucherie parisienne est un fait qui intéresse la production agricole et la consommation.

» Le décret qui doit la proclamer est vivement attendu.

» On annonce qu'il doit paraître prochainement ; c'est donc le moment de rappeler la proposition faite par M. *Girard, en janvier* 1851, de créer un entrepôt et un marché à la porte de Paris, où la production éloignée puisse envoyer ses produits, sans autre intermédiaires que le chemin de fer et un factorat responsable, et où l'acheteur puisse se rendre de tous les points de Paris, moyennant une course d'omnibus de 30 centimes, ce qui supprimerait 14,429 francs de frais que le syndicat accuse pour chaque étal de boucher ; frais qui, finalement, sont supportés par le producteur et le consommateur.

» Suivant M. Girard, l'unique moyen d'avoir la viande à bon marché, c'est de centraliser sur un point tout le bétail sur pied constituant le véritable et le meilleur mode d'approvisionnement. . . . .

» Comme conséquence, M. Girard propose d'établir un entrepôt banal au lieu d'arrivage, et de passavant, sur la hauteur du grand plateau derrière le Père-Lachaise, où un marché, abattoir, bouveries, bergeries, parcs découverts, seraient à la disposition des envoyeurs et du factorat chargé de recevoir et de vendre les bestiaux que la production amènera sur Paris.

» Cet emplacement qu'il désigne est très-vaste ; il est central, par rapport aux chemins de fer, les terrains y sont de peu de valeur, enfin il est éloigné de tout contact avec la population. Le chemin de fer de Ceinture et son débarcadère sont au pied de cet emplacement.

» Les animaux y arriveraient au moyen d'un chemin à pente douce, qui est tout disposé par la nature du sol.

» Le plan d'ensemble et la note explicative du projet sont entre les mains du gouvernement et des autorités municipales.

» Il est absolument nécessaire au bon marché de la viande qu'il n'y ait *qu'un seul point central* d'arrivage, de vente et d'écoulement.

» C'est le doute de l'envoyeur et de l'acheteur remplacé par la certitude; c'est le propriétaire vendant lui-même son bétail; c'est la suppression ruineuse des intermédiaires entre le producteur et le consommateur; enfin c'est le va-et-vient des bestiaux supprimé.

» C'est la mercuriale positive et l'accaparement rendus impossibles, puisque c'est la France entière qui doit contribuer par les chemins de fer à l'approvisionnement de Paris.

» C'est la hausse ou la baisse supprimée, le retrait ou l'arrivage des animaux n'étant plus dans quelques mains.

» C'est l'abatage et la vente en gros et demi-gros réunis sur un point où les bouchers, les administrations, les pensions, les militaires pourront s'approvisionner, soit à l'amiable ou à la criée, tous les jours. Ce serait la centralisation, sur un seul point de Paris, de tout ce qui a trait au commerce des viandes: viandes, cuirs, abats de toutes sortes, se traitant sur place et sans déplacement.

» Ce serait la réunion libre et en concurrence de tous les intérêts communs et rivaux. Ce serait l'administration réduite à sa plus simple expression et élevée à sa plus haute puissance; tout serait lié: l'Entrepôt, le chemin de fer de Ceinture, le marché, l'abattoir; les ventes se feraient à l'amiable ou à la criée; sorti de là tout serait libre.

» L'abatage forcé réclamé par quelques éleveurs pourrait être évité, puisque les propriétaires, le factorat ou les bouchers auraient la facilité de laisser à l'entrepôt banal leurs animaux.

» Par ce moyen, on pourrait ne tuer qu'au fur et à mesure des besoins.

» Un simple coup d'œil suffirait pour se rendre compte du degré d'abondance de l'approvisionnement sur le marché: donc point de mécompte, point de méprise, point de fraude possible.

» Tout se résume dans cette dernière et seule ligne: unité de marché des bestiaux; — bon marché de la viande. »

« L'excessive cherté de la viande et la prochaine apparition d'une législation nouvelle, l'étude de la question de la boucherie, les brochures, les traités, les tableaux nous pleuvent de toutes parts.

» Indépendamment du livre de M. Blanc, dont le titre, visant un peu trop à l'effet (*les Mystères de la boucherie*), couvre des renseignements très-curieux et des documents d'une haute importance, voici que nous avons sous les yeux une solution de la question du commerce de la viande avec des plans, des devis et des cartes: plus, à l'appui, des articles du *Siècle* et de l'*Illustration*. » (M. Henri de Riancey, l'*Union*, 3 septembre 1857.)

M. Victor Borie, dans un article publié par la *Presse* du 29 mars 1856, s'exprime ainsi en parlant de notre projet :

« *Il nous a semblé avoir été l'objet d'études sérieuses et dignes d'attirer l'attention publique.*

» L'auteur paraît familiarisé avec les procédés de l'économie politique; *il a cherché les bases de son projet dans une analyse raisonnée du compte du producteur, de celui du boucher et de celui du consommateur.*

» *Les chiffres sont empruntés*, dit-il, *à des sources officielles*, particulièrement à l'enquête de 1851. »

« En parcourant la galerie du Palais de l'industrie, où sont exposés les projets d'architecture, on en rencontre un parmi eux, modeste en apparence par sa petite échelle, comparée à celle de ses voisins, mais dont l'exiguïté même accuse des dimensions tellement considérables, tant pour les édifices publics qui le composent que par la surface de terrain qu'il occupe, qu'elles étonnent celui qui l'examine.

» L'ensemble de ces édifices, leur disposition, leur forme toute spéciale, l'effet qu'ils produisent par la perspective qui les représente, annoncent une de ces œuvres grandioses qui font la réputation de celui qui les a conçues.

» Ce projet est la solution tant cherchée de ce fameux problème de la boucherie, question si brûlante dont la presse parisienne s'est occupée avec tant d'intérêt, comme étant d'une grande importance pour l'alimentation de la population de la capitale. »

(M. Lefaivre, colonel du génie en retraite, *Univers*, 4 octobre 1857.)

« Dans ce projet, le seul projet logique qui ait été jusqu'à ce jour soumis à l'administration, des facteurs étaient chargés de présider au besoin à l'abattage des bestiaux et de vendre à la criée, soit les animaux sur pied, soit les animaux abattus ou dépecés, au gré du vendeur.

» Le vendeur est représenté à Paris. Il n'y a entre lui et le consommateur d'autre intermédiaire que le boucher, le revendeur de viande, appelez-le comme vous voudrez, qui prend la viande à l'abattoir et la met à la portée de notre cuisinière.

» La liberté de la boucherie n'est possible qu'avec l'établissement d'une factorerie. »

(M. V. Borie, *Siècle*, 4 septembre 1857.)

« *S'il est une question à l'ordre du jour*, c'est sans contredit celle de la boucherie parisienne. Abolira-t-on le monopole pour décréter la liberté du commerce de la viande, ou le maintiendra-t-on comme réglementation nécessaire et comme une mesure avantageuse au consommateur? *La question est très-controversée; mais entre le monopole et la liberté, n'y a-t-il pas un moyen terme qui concilie les intérêts du producteur et ceux du consommateur, en ne lésant que des intermédiaires inutiles? C'est ce que pense* l'auteur d'un projet dont l'application aurait, selon lui, pour résultat immédiat une réduction notable du prix de la viande à Paris.

» *Si l'adoption de son système n'entraîne aucune nouvelle charge pour la ville et n'amoindrit pas ses revenus;* si la création de marchés d'arrondissements, en remplacement des abattoirs actuels utilisés à cet effet, est démontrée facile et désirable; si par la centralisation des opérations, le producteur obtenant un prix suffisamment rémunérateur, et le consommateur payant moins cher la viande nécessaire à son alimentation, ils trouvent l'un et l'autre une garantie dans un cours régulier et authentique; si de cette façon, enfin, le commerce de la boucherie est exonéré des frais d'intermédiaire qui le rongent, il faudra admettre que le système proposé est la véritable solution, et qu'on la chercherait vainement soit dans la liberté, soit dans le monopole.

» *En chiffres, l'auteur affirme qu'en adoptant la réforme proposée par lui, le producteur, qui reçoit aujourd'hui* 0,80 *en moyenne par kilogramme expédié, recevrait* 1 *fr.* 15,33, conséquemment une *augmentation de* 35,33 *par kilogramme,* tandis qu'en même temps *le consommateur, qui paie aujourd'hui au détail* 1 *fr.* 82 c. *le kilogramme* en moyenne, *ne le paierait plus que* 1 *fr.* 40 c., soit, à son profit, une *réduction de* 0,42. Ces chiffres sont, d'une part, ceux de la taxe officielle de la première quinzaine de novembre 1857, et, de l'autre, ceux des marchés de trois régions, nord, est et ouest, savoir : Bergues, 19 novembre; Lyon, 5 novembre, et Cholet, 24 octobre dernier.

» Aux 80 centimes reçus par le producteur, si l'on ajoute pour transport 0,10 c. par kilogramme, on arrive au prix vrai de 0,90 c. sur les marchés d'approvisionnement de Sceaux et de Poissy, alors qu'à la même époque le prix moyen de la viande sur pied s'élève, sur ces deux marchés, à 1 fr. 40 c., soit 50 c. entrant dans la bourse des intermédiaires sur l'écart de

1 fr. 02 c. constaté entre le prix reçu par le producteur et celui payé par le consommateur, ainsi que cela est établi plus haut.

» On arriverait, dans ce système, à supprimer les commissionnaires intermédiaires par l'établissement d'une factorerie centrale opérant moyennant une commission fixe et représentant, vis-à-vis des bouchers acheteurs, les propriétaires des animaux à vendre. Cette factorerie serait instituée auprès d'un marché unique, — la question du marché unique n'a pas de contradicteur,— institué aux portes de Paris, à proximité du chemin de Ceinture, qui se soude à toutes les grandes lignes de chemins de fer.

» L'approvisionnement de Paris serait fait pour huit jours de consommation; les facteurs procéderaient quotidiennement à la vente des produits à la criée publique : on aurait une facilité plus grande pour le contrôle de la qualité des viandes, une sincérité complète dans les mercuriales, point de monopole à subir, aucune coalition à redouter. Un abattoir unique, en diminuant les frais, permettrait de transformer les abattoirs actuels en marchés d'arrondissements à l'avantage des populations ouvrières qui les avoisinent.

» Laissons de côté les points de détail, tels que la transformation des abattoirs en marchés et autres qui ne font pas partie essentielle du système. Son application aurait pour complément nécessaire l'adoption de mesures dont l'expérience viendrait démontrer l'utilité; constatons seulement l'idée principale du projet : c'est le marché unique et la suppression des intermédiaires, à l'exception du boucher, par l'établissement de la Factorerie centrale.

» Il ne faut pas se le dissimuler, l'idée est attrayante; elle a séduit des hommes spéciaux qui la préconisent avec talent; elle offre un mécanisme simple, une surveillance aisée; en même temps qu'elle donne au producteur un prix justement rémunérateur, elle assure une diminution notable au profit du consommateur. Ce sont là des titres sérieux à l'examen, et peut-être ce projet serait-il le terrain commun où pourraient se rencontrer, pour l'avantage général, ceux qui veulent, avec le monopole, la sûreté des approvisionnements, et ceux qui cherchent, vainement peut-être, dans la liberté la diminution des prix actuels. »

(F. Prévost, *Courrier de Paris*, 22 janvier 1858.)

CONCLUSION.

Par le factorat central, par la criée obligatoire, on donne au bétail et à la viande un cours authentique ; on soustrait le boucher aux exigences des intermédiaires, des chevillards.

Si l'on abandonne 0 fr. 25 c. aux détaillants, on laisse annuellement par étal environ 30,000 fr.

C'est donc avec raison que nous disons : avec la réunion, la centralisation des marchés et des abattoirs sous les murs de Paris, avec le factorat obligatoire, avec la criée obligatoire, on peut réduire de près de moitié le prix de la viande.

La liberté, déjà essayée à diverses reprises, a donné des prix élevés et a nui à la qualité. Les abus et l'élévation des prix ont été les conséquences de ce régime.

On lutte contre la coalition des chevillards et des commissionnaires ! Elle se produit malgré les règlements. Donnez la liberté absolue, et leur action sera plus dangereuse que jamais ; la consommation, la production leur seront livrées à discrétion.

Ce n'est donc ni dans le monopole ni dans la liberté qu'on doit chercher le remède au mal dont souffrent la production et la consommation.

Il faut trouver ailleurs la solution !

Sur les frais actuels, on peut supprimer 41 centimes par kilog., avec un établissement central.

Si l'adoption de notre projet n'entraîne aucune charge nouvelle pour la ville, aucune réduction dans ses revenus ; si l'établissement de marchés d'arrondissements aux lieu et place des abattoirs actuels, est reconnu utile et désirable ; si la centralisation des opérations ; si un approvisionnement de huit jours assure et l'économie des frais et la sécurité des envoyeurs ; si le producteur et le consommateur obtiennent un cours régulier et authentique, seule garantie d'un commerce loyal et honnête ; si l'on est exonéré de tous frais intermédiaires et parasites nuisibles à tous les intérêts, causes du haut prix de la viande imposé à la consommation et des bas prix obtenus par la production, il faudra reconnaître avec nous que ce n'est pas dans la liberté non plus que dans le monopole qu'il faut chercher la solution du problème tant de fois étudié de la réduction du prix de la viande.

A ceux qui soutiennent que la réforme proposée par nous, c'est-à-dire l'adoption de notre programme, n'amènera pas la réduction du prix de la viande à Paris, la rémunération des producteurs, le maintien des droits de la ville et l'organisation définitive du commerce de la boucherie parisienne, nous répondons par des chiffres officiels (1).

Après quinze années de polémique dans l'intérêt de l'agriculture, de la consommation,

---

(1) Voir nos tableaux feuilles 3 et 4.

des intermédiaires utiles, il est flatteur pour nous de rapprocher nos propositions de 1851 du décret impérial du 24 février 1858, et de pouvoir dire à nos juges : lisez et jugez.

Maintenant si nous ajoutons, comme nouvelle preuve que nous sommes dans la vérité, les lignes citées au point de vue de la production, page 7 de cet ouvrage, plus celles sur la consommation, page 9, ce qui a été fait, page 13, ce que nous proposons de faire, pages 16, 19 et 23, nos tableaux économiques concernant la production et la consommation, les résultats prouvés qui doivent en dépendre, il est impossible qu'on ne puisse reconnaître que nous sommes dans la voie à suivre.

Certes, on verra en rapprochant les lignes citées de la page 4, de celles de la page 6, que l'on s'était trompé en posant le problème de cette grande question, le bétail et la viande.

N'avons nous pas d'ailleurs avec nous les hommes éminents que nous avons cités?

Il est donc bien reconnu aujourd'hui que ce n'est pas seulement de l'organisation du débit des viandes qu'il faut s'occuper, mais bien

1° De l'agriculture, source première de tous produits;

2° Du débit des viandes à un prix modéré qui fasse que le consommateur parisien consomme;

3° Des intermédiaires utiles.

Pour cela que faut-il faire ?

Un homme que nous aimons à citer, parce qu'il est un de ceux qui nous ont le premier compris, M. Victor Borie, répond page 43 et 44 de sa brochure, *Question du pot-au-feu :*

« Faut-il que la ville de Paris, ainsi qu'on l'a proposé, abandonne son rôle essentiellement protecteur, pour s'occuper directement des arrivages et du commerce des viandes ?

» Faut-il donner le monopole de l'alimentation de Paris à une Compagnie de spéculateurs?

» Le premier système est impossible, le second est absurde.

» Tous les deux seraient terriblement dangereux.

» Ce n'est point en exagérant le monopole qu'on pourra détruire les vices du monopole.

» Ce qu'il y aurait à faire, tout nous l'indique : faciliter le plus possible la liberté des transactions entre l'agriculteur qui produit le bœuf et le consommateur qui le mange ; rapprocher la ferme du marché ; supprimer les intermédiaires inutiles entre la bourse du consommateur et celle du producteur.

» Pour cela il y a deux mesures à prendre :

» Établir un marché unique, se reliant avec tous les chemins de fer : la mesure est décidée.

» Organiser sur ce marché une factorerie, opérant à commission fixe et représentant, vis-à-vis des bouchers acheteurs, les propriétaires des animaux à vendre.

» Voilà le problème résolu et complétement résolu. »

En un mot, ce marché ou factorat obligatoire, autour duquel viendraient converger les intérêts communs ou rivaux, serait une institution de crédit public, ce serait un phare attirant vers lui, pour les protéger, producteurs et consommateurs.

C'est une factorerie et non des facteurs opérant isolément, c'est un mandataire recevant un produit et moyennant une commission fixe vendant ou conservant ce produit selon l'ordre du mandat, c'est le télégraphe électrique transportant une dépêche moyennant un prix fixe, et c'est ce prix perçu par l'institution qui servira à son édification comme à son fonctionnement.

Cette factorerie n'est autre que l'administration réduite à sa plus simple expression et élevée à sa plus haute puissance : — sécurité d'approvisionnement par des arrivages constants et une réserve hebdomadaire ; — sélection possible des animaux et des races, aujourd'hui sacrifiées à tort et à travers au détriment de tous, abatage suivant les besoins, vente en gros et demi-gros dans toutes les criées des marchés de la capitale, prix de vente réduits par la concurrence entre les détaillants des marchés et les étaliers urbains. Enfin, certitude de la qualité et de la provenance des viandes vendues ; surveillance non plus illusoire, mercuriales sincères, accaparement et spéculation devenus impossibles, tout cela ne viendrait-il pas solutionner ce que l'on demande ?

PARIS. — IMPRIMERIE CENTRALE DES CHEMINS DE FER DE NAPOLÉON CHAIX ET Ce, RUE BERGÈRE, 20. — 10084.

ANNEXE N° I

PLAN FIGURATIF ET VUE PERSPECTIVE DU PROJET

Ce projet a été examiné dans son ensemble par Sa Majesté l'Empereur, et, sur l'ordre de Sa Majesté, envoyé à Son Excellence le ministre de l'Agriculture, qui, après instruction, l'a adressé à l'Administration municipale de la ville de Paris.

Il a été, en outre, admis à l'Exposition universelle d'agriculture de 1856, sous le n° 892 *bis*, comme modèle en relief des établissements projetés.

La vue en perspective que nous donnons ci-dessous et les plans de détails ont été également admis à l'Exposition des beaux-arts, salon de 1857, sous le n° 3,530 du catalogue.

A ceux qui nous reprochent la grandeur des établissements que nous proposons, bien qu'il n'y ait rien de trop beau ni de trop grand lorsqu'il s'agit de Paris, capitale de la France, qui a non-seulement une importance nationale, mais européenne, nous citerons le mot de Charles-Quint à François Ier : *Lutetia non urbs, sed orbis*, qui ne fut jamais plus vrai qu'à cette époque.

« Les chemins de fer, d'ailleurs, sont destinés à créer d'immenses agglomérations en chaque pays, et il faut aux grands centres une organisation toute nouvelle. C'est à ce point de vue élevé qu'il convient de se placer pour juger sainement des besoins actuels et futurs de Paris, qui comptera, à la fin du siècle, *deux millions et demi d'habitants*, si, comme tout le fait présumer, l'accroissement de la population ne s'arrête pas. La bonne administration est celle qui sait concilier les possibilités du présent et prévoir l'avenir en rejetant les demi-mesures, solutions provisoires et toujours coûteuses. »

Vue perspective de PARIS et des Établissements proposés

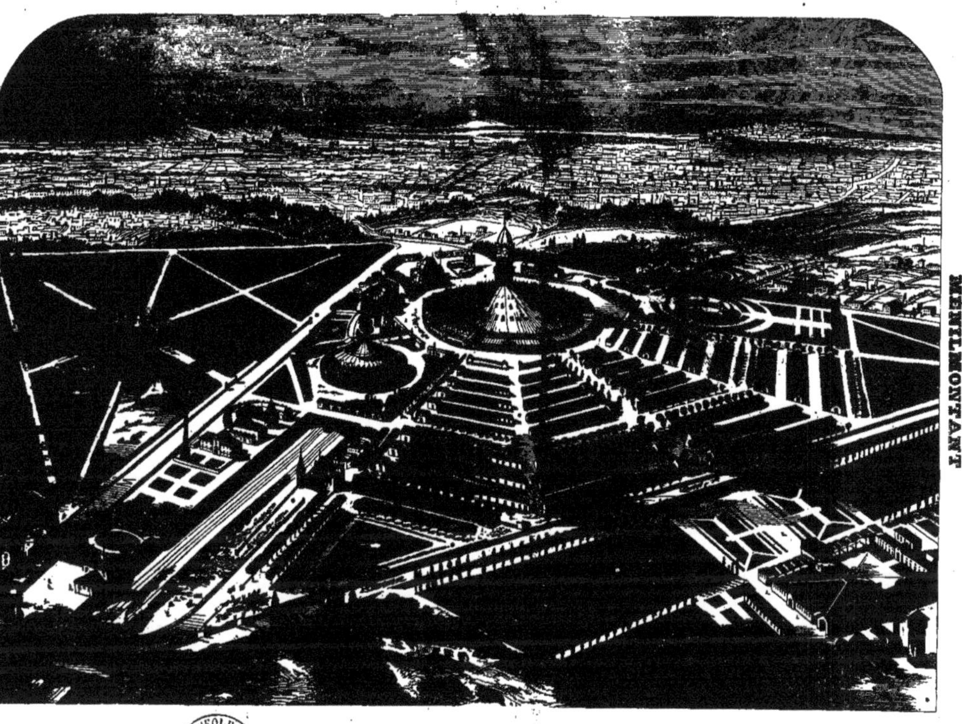

LÉGENDE.

VUE DE L'ENSEMBLE DES ÉTABLISSEMENTS PROPOSÉS POUR LA RÉUNION, SOUS LES MURS DE PARIS, DE TOUT CE QUI A TRAIT AU COMMERCE DES VIANDES.

LA PERSPECTIVE A ÉTÉ PRISE DE LA HAUTEUR DES FORTIFICATIONS, ENTRE BELLEVILLE ET CHARONNE.

Belleville est à droite, Charonne à gauche, Paris dans la perspective. On a choisi et indiqué cet emplacement, parce qu'il est d'un accès facile et isolé de toutes parts. A gauche, on voit le chemin de fer de Ceinture, passant sous la route départementale n° 60, sous laquelle existe une conduite d'eau de 0m,35 de diamètre, pour l'alimentation des eaux, concurremment avec les anciens aqueducs de la ville de Paris et les nombreuses sources naturelles répandues sur tous les terrains à employer. Encore à gauche, on voit le débarcadère des voyageurs; au *fond*, le chemin de *fer* de Ceinture, les wagons et les animaux qui débarquent, pour monter par une rampe à l'abreuvoir, au bureau des pesées et de l'inscription; un vaste préau au milieu duquel sont les bassins réservoirs; les abris pour loger les animaux en attendant leur inscription et leur répartition dans les bouveries, étables, bergeries, écuries et porcheries, qui sont derrière et qu'on voit rayonner en lignes rangées au milieu de vastes rues plantées d'arbres. Au centre, est le grand marché couvert pour la vente des bœufs, vaches, veaux, moutons et porcs : il occupe une superficie d'environ 3 hectares, avec tour d'observation et horloge octogonale pour voir l'heure de toutes les directions.

La disposition intérieure du marché comporte tout ce qu'il est possible d'imaginer pour satisfaire à toutes les exigences d'un bon et prompt service : rien n'y manque, jusqu'au hangar de répartition après la vente. Au *fond*, à droite, du côté de Belleville, on voit des constructions circulaires et des terrains arrangés pour les expositions agricoles et les concours d'animaux; un peu plus en avant, vers Paris, derrière la tour du marché, on voit au bas, à droite, le grand bâtiment des expositions d'instruments agricoles, de plantes, de graines, *etc.*, et les salles d'autopsie et de cours; plus bas, à gauche, c'est l'administration et l'entrée principale des établissements; encore à gauche, donnant sur la vaste place sur laquelle aboutit le boulevard conduisant à la barrière des Amandiers et sur le boulevard extérieur de Paris, on voit, en face de l'administration, l'auberge pour loger les habitués du marché, le corps de garde, les sapeurs pompiers, etc.

En revenant vers le chemin de *fer* et en bordure d'une des rues latérales qui longent les établissements, on voit, sous une forme presque ogivale, la grande halle pour la criée des viandes abattues dans l'abattoir; une cour presque couverte, des remises et écuries entourent cette salle de criées pour la commodité des acheteurs et le chargement des viandes. Une petite voie ferrée met cette salle de criée en communication avec l'abattoir, pour transporter les viandes sur un châssis *ad hoc* sans les manipuler. Là, encore, tout a été disposé en raison de l'importance des services et sur une échelle proportionnée au besoin d'une ville comme Paris : tout y est grandement et largement ménagé.

Entre la criée et l'abattoir, on voit le logement des directeurs, du personnel, l'infirmerie, la pharmacie, le logement du médecin, des vétérinaires, etc., etc. Sur le chemin de fer, sous forme circulaire, entouré de cours et de hangars d'attente pour loger les animaux destinés à être abattus, on voit un vaste abattoir renfermant plus d'espace que les 240 échaudoirs actuels, bien que ceux-ci ne fonctionnent qu'une demi-heure par jour.

Cet abattoir, d'une superficie totale de plus d'un hectare, est agencé de façon à ce que l'air et la circulation soient assurés aux travailleurs et aux animaux; que tout le travail se fasse à l'abri, et que les viandes soient soustraites aux émanations au fur et à mesure qu'elles sont habillées.

Un chemin de fer de service dessert tous les établissements. Un emplacement *ad hoc* reçoit les abats, peaux, cuirs, suifs, etc. Encore à gauche, sous la cheminée en bordure du chemin de fer, on voit l'abattoir à porcs avec brûloir, lavoir, etc. Au bas de la cheminée on voit le fondoir, la cuisson des tripées, la buanderie, etc., les trous à fumiers, à immondices et à purin.

Sur le flanc droit du chemin de fer sont les porcheries et autres constructions. Plus à gauche, en allant vers Paris, derrière le Père-Lachaise, on voit une partie des parcs ou préaux pour recevoir les animaux, en attendant leur vente ou leur abatage.

On a choisi de préférence cet emplacement, parce qu'il est sur une élévation, qu'il est isolé de toutes parts, qu'il avance sur le centre de la ville de Paris, qu'il est sous les rares vents d'est, que la pente des terrains s'incline vers la plaine, qu'il est à cheval sur le chemin de fer de ceinture et entouré de tous côtés par des routes départementales, que des boulevards et des rues spacieuses en rendent l'accès facile, parce que l'eau y est abondante, etc.

Finalement, tout le commerce des viandes est centralisé à la porte de Paris, sans que les habitants aient à en souffrir : l'isolement est complet.

PLAN FIGURATIF DES ÉTABLISSEMENTS PROPOSÉS

e projet a été examiné dans son ensemble par Sa Majesté l'Empereur, et, sur l'ordre de Sa Majesté, envoyé à Son Excellence le ministre de l'agriculture, qui, après instruction, l'a adressé à l'administration municipale de la ville de Paris.

a été en outre admis à l'Exposition universelle d'agriculture de 1856, sous le n° 892 *bis*, comme modèle en relief des établissents projetés.

a vue en perspective que nous donnons ci-dessous et les plans de détails ont été également admis à l'Exposition des beaux-arts, n de 1857, sous le n° 3,630 du catalogue.

ceux qui nous reprochent le grandiose des établissements que nous proposons, bien qu'il n'y ait rien de trop beau ni de trop d lorsqu'il s'agit de Paris, capitale de la France, qui a non-seulement une importance nationale, mais européenne, nous citerons ot de Charles-Quint à François Ier : *Lutetia non urbs, sed orbis*, qui ne fut jamais plus vrai qu'à notre époque.

Les chemins de fer, d'ailleurs, sont destinés à créer d'immenses agglomérations en chaque pays, et il faut aux grands centres ne organisation toute nouvelle. C'est à ce point de vue élevé qu'il convient de se placer pour juger sainement des besoins actuels futurs de Paris, qui comptera, à la fin du siècle, *deux millions et demi d'habitants*, si, comme tout le fait présumer, l'accroissement de la population ne s'arrête pas. La bonne administration est celle qui sait concilier les possibilités du présent et prévoir « l'avenir en rejetant les demi-mesures, solutions provisoires et toujours coûteuses. »

Antériorité du projet.

Le gouvernement, les deux préfectures, la commission municipale, la Société impériale d'agriculture et tous les comices agricoles de France sont officiellement saisis de ce projet depuis le 15 janvier 1851. On doit comprendre que, depuis cette époque, nous avons mis à profit tout ce qui a été dit, écrit et publié, à quelque titre que ce soit, sur la question du commerce des viandes.

Notre grand tableau fait le compte de tout le monde, avec notes officielles à l'appui de nos chiffres; les dix-sept tableaux détaillés qui le complètent, la carte des parcours inutiles que font actuellement les animaux ; les tableaux abrégés et l'ensemble des études faites au point de vue hydraulique, topographique et architectural, ainsi que la vue perspective photographiée des établissements projetés, sont en ce moment soumis au gouvernement et à l'administration.

SUPERFICIE TOTALE

100 hectares ou 1,000,000 de mètres de terrains encore en culture, qui sont situés derrière le cimetière du Père-Lachaise, entre Belleville, Ménilmontant et Charonne.

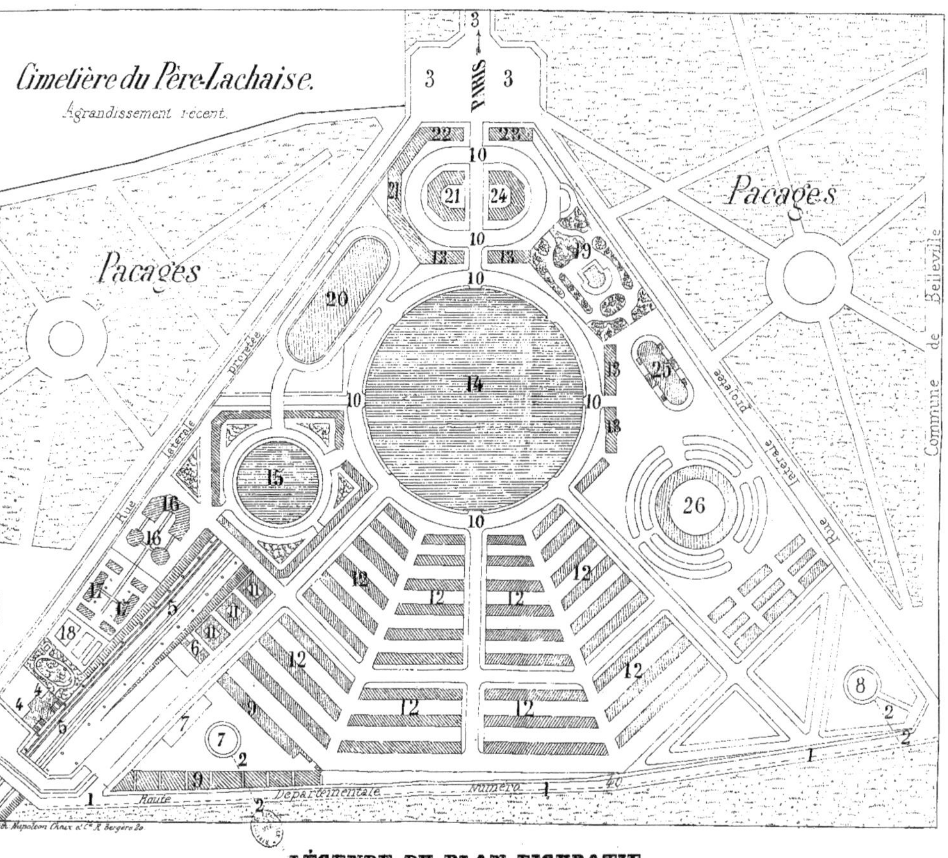

LÉGENDE DU PLAN FIGURATIF

— Conduite d'eau de 0m,36 de diamètre, passant sous la route départementale n° 40.
— Prise d'eau sur la conduite ci-dessus désignée.
— Place et boulevard aboutissant à la barrière des Amandiers.
— Débarcadère du chemin de fer pour les voyageurs.
— Gare du chemin de fer mettant les établissements en communication avec le chemin de fer de Ceinture.
— Bâtiment du personnel pour la réception et le pesage des animaux.
— Abreuvoir et bassin-réservoir de la cour de pesage des animaux.
— Réservoir pour 5,000 hectolitres d'eau.
— Bâtiment de réception pour abriter les animaux pendant les formalités d'entrée et de sortie.
.— Rues intérieures avec trottoirs.
.— Porcheries.
.— Bouveries, bergeries, cases à veaux, etc., avec caves pour les racines et greniers à fourrages.
.— Remises des voitures et écuries.
14. — Grand marché couvert pour la vente sur pied des bœufs, veaux, moutons, porcs, etc.
15. — Abattoir pour bœufs, vaches, veaux, moutons.
16. — Abattoir à porcs avec brûloirs, lavoirs, etc.
17. — Fondoir, fonderie de suif, cuisson des tripées, etc., etc., buanderie, lingerie, etc., etc.
18. — Trous à fumier et à purins.
19. — Logement du directeur.
20. — Salle des criées pour la vente des viandes abattues.
21. — Hôtel et dépendances, cafés.
22. — Corps de garde, sapeurs-pompiers, remises des pompes.
23. — Concierge et bureaux des employés du contrôle, infirmerie.
24. — Bureau et administration générale.
25. — Bâtiments pour exposition et salle de cours agricoles.
26. — Dépôt et exposition des animaux reproducteurs et du concours actuel de Poissy.

DOMAINE AGRICOLE

PRODUCTION DES ANIMAUX DE BOUCHERIE

Réforme radicale et organisation définitive de tout ce qui a trait au commerce des animaux et des viandes, dans l'intérêt des producteurs vendeurs et des consommateurs urbains, par le fonctionnement d'une Factorerie centrale, opérant à commission fixe entre l'expéditeur vendeur et l'acheteur urbain.

« Le bétail augmente-t-il assez rapidement en France, pour l'encouragement agricole et le » consommateur? Non, mille fois non; puisque nous obtenons à peine la moitié du nécessaire » avec l'importation, déduction faite de l'exportation. »

(M. L. Millot, *Histoire d'un grain de blé et d'une tête de bétail*, page 90.)

« La viande n'est pas seulement un objet de consommation, un aliment fortifiant et salubre; » le bœuf est un instrument de travail, et c'est même le plus puissant de tous pour l'agri- » culture.

» C'est le bétail qui fait le fumier, et le fumier, c'est la richesse de la terre. »

(M. Delamarre, *la Vie à bon marché*, page 351.)

SYSTÈME ACTUEL.

RÉSULTATS PASSÉS, PRÉSENTS ET FUTURS DU STATU QUO.

COMPTE DU PRODUCTEUR.

DÉPENSES ARGENT DU PRODUCTEUR VENDEUR.	Prix moyen de revient ou d'achat en foire locale du kilo de viande maigre sur pied	» 80 » (1)	
	Frais d'achat en foire locale, de mise en chair, en graisse, et de préparation avant la vente.	» 27 »	
	Prix de revient du kilo gras sur pied	1 07 »	
	Frais d'amenage, de marché, etc.	» 25.68	
	Total des dépenses argent du producteur vendeur.	1 32.68 ci	1 32.68
BÉNÉFICES DU PRODUCTEUR PERDUS POUR LUI PAR L'ESTIMATION QU'ON LUI FAIT DE SON ANIMAL ACHETÉ SUR PIED AU MARCHÉ.	Plus-value de mise en chair, d'engraissement et de préparation avant la vente, ou 20 0/0 des 1 07 dépensés, ci	» 21.40	
	Le 5e quartier amélioré, peaux, suifs, abats, etc., ou 20 0/0 des 1 28.40, valeur réelle du kilo gras, ci	» 25.68	
	Valeur acquise par l'engraissement	» 47.08 ci	» 47.08
	Valeur réelle pour le vendeur du kilo gras sur pied, rendu sur le marché, par le système actuel		1 79.76
PRIX D'ACHAT OFFICIEL DU KILO SUR LES MARCHÉS.	Les mercuriales officielles établissent, tableau n° 13 de l'Enquête législative de 1851, et même ailleurs, que depuis trente ans la moyenne générale que reçoit le producteur sur cette valeur réelle de 1 79.76 n'est que de 1 05 par kilo sur pied; nous avons dit		1 05 »
	Perte ou différence dans la recette du producteur, par kilo		» 74.76

Le producteur perd donc à la vente par le système actuel :

PERTES POUR LE PRODUCTEUR	La différence entre 1 07 qu'il dépense et 1 05 qu'il reçoit, ci.	» 02 »		» 74.76
	Les frais d'amenage, de marché, etc.	» 25.68		
	Première perte argent.	» 27.68 ci.	» 27.68	
	Le producteur perd encore la plus-value de mise en chair, d'engraissement, etc., dont on ne lui tient aucun compte dans l'estimation	» 21.40		
	Le 5e quartier amélioré	» 25.68		
	Deuxième perte argent.	» 47.08 ci.	» 47.08	

Sans les intermédiaires :	La production recevra par kilog expédié.	1 41.08
Avec les intermédiaires :	Elle ne reçoit que	» 79.32
	Augmentation par kilog. expédié	» 61.76

SYSTÈME NOUVEAU.

RÉSULTATS IMMÉDIATS ET FUTURS QU'AMÈNERAIT L'ADOPTION D'UNE FACTORERIE CENTRALE OPÉRANT A COMMISSION DÉTERMINÉE ENTRE L'EXPÉDITEUR VENDEUR ET L'ACHETEUR URBAIN.

LA FACTORERIE FAIT COMPTE DE TOUT ET TIENT COMPTE DE TOUT.

COMPTE DU PRODUCTEUR.

RECETTE DE L'EXPÉDITEUR VENDEUR.	Le producteur ou l'expéditeur recevra par kilo de viande nette vendue pour son compte.	1 » »	
	Il retrouvera par la vente au poids et par l'abatage pour son compte la plus-value indiquée ci-contre, soit, y compris le 5e quartier, peaux, suifs, abats, etc.	» 49.08	
	Produit total de la vente.	1 49.08 ci.	1 49.08
DÉPENSE TOTALE DE L'EXPÉDITEUR VENDEUR.	Prix de revient ou d'achat en foire locale du kilo de viande maigre sur pied	» 80 »	
	Frais d'achat en foire locale, de mise en chair, en graisse et de préparation avant la vente.	» 27 »	
	Prix de revient du kilo gras sur pied.	1 07	
	Frais de transport et de vente des bestiaux sur pied ou abattus, d'envoi d'argent après la vente, etc.	» 08 »	
	Total de la dépense	1 15 » ci.	1 15 »
	Bénéfice par kilo au profit de l'expéditeur vendeur		» 34.08
RÉSULTATS ÉCONOMIQUES DU NOUVEAU SYSTÈME POUR LE PRODUCTEUR.	Recette du producteur vendeur par le nouveau système	1 49.08	
	A déduire pour frais, comme ci-dessus	» 08 »	
	Recette encaissée par le producteur vendeur par le nouveau système.	1 41.08	
	Recette encaissée par le système actuel.	» 79.32	
	Différence par kilo, au profit du producteur, par le nouveau système.	» 61.76 ci.	» 61.76

BASES, CONSÉQUENCES ET RÉSULTATS DE LA RÉFORME PROPOSÉE

(Tout ce que nous proposons n'est que la réalisation de tout ce qui a été demandé et réclamé depuis trente ans.)

Les faits, les dires et les chiffres ci-dessus, empruntés aux documents officiels, permettent de constater, par des moyennes de trente ans, les résultats économiques du système actuel du commerce des viandes et du système nouveau à lui substituer, si l'on veut sérieusement faire, pour la dix-neuvième fois, une réforme radicale de tout ce qui a trait à ce commerce dans l'intérêt de la production et de la consommation, ces deux extrêmes de l'édifice social.

DÉDUCTIONS ÉCONOMIQUES DU SYSTÈME ACTUEL.

LES INTERMÉDIAIRES RETIRENT D'UN KILO DE VIANDE GRASSE SUR PIED :

Par la vente des 21 catégories de viande nette.	1 81. »	Recette par kilo	2 30.08
Par la vente des abats en général	» 49.08		

LA TAXE COMPLÉTÉE DE LA PREMIÈRE QUINZAINE DE NOVEMBRE 1857 DONNAIT :

Comme prix moyen des 21 catégories	1 85 »	Recette par kilo	2 08.33
Pour les abats d'après les bases de la taxe.	» 23.33		

(Par des moyennes ou par la taxe la différence n'est pas grande.)

CETTE SOMME DE 30 08 PAR KILO EST FOURNIE	Par la production	» 49.08	soit 2 fr. 30.08.
	Par la consommation.	1 81. »	

ELLE SE RÉPARTIT COMME SUIT PAR LE SYSTÈME ACTUEL :

Les frais absorbent :	Au producteur	» 25.68	soit par kil. » 64.03	Les frais et les intermédiaires absorbent par kilo :	1 50.76
	Aux intermédiaires	» 38.34			
Les intermédiaires s'attribuent :	Sur la production.	» 49.08	soit par kil. » 86.74		
	Sur la consommat.	» 37.66			

Il suit de là que sur un kilo vendu par les intermédiaires 2 fr. 30.08, le producteur ne reçoit que .... » 79.32

Parité 2 30.08

DÉDUCTIONS ÉCONOMIQUES RÉSULTANT DE L'ÉTABLISSEMENT DU SYSTÈME NOUVEAU ET DE LA FACTORERIE CENTRALE.

En présence des chiffres résultant des déductions économiques du *système actuel* et du système nouveau comparés entre eux;

En présence de l'origine de ces chiffres, qui sont tous puisés et empruntés à des *documents officiels* (2);

En présence *surtout des* réformes *déjà accomplies et de ce qu'il reste à faire pour les compléter radicalement à la satisfaction des producteurs, des consommateurs et même des intermédiaires utiles à conserver;*

Qu'on nous permette d'établir ici, comparativement, les résultats qui seraient obtenus par l'organisation et le fonctionnement de la Factorerie centrale que nous proposons.

La consommation paie, comme il est dit ci-contre, les 21 catégories de viande au prix moyen le kilo	1 81 »	Economie ou réduction par kilogramme. » 41 »	Ensemble : 1 02.76
Elle ne paierait plus que.	1 40 »		
La production encaisserait par kilo sur pied expédié	1 41.08	Augmentation de recette par kilogramme. » 61.76	
Elle n'encaisse, comme il est dit ci-contre, que	» 79.32		
Les intermédiaires s'attribuent : Sur la production	» 49.08		Somme égale : 1 02.76
Sur la consommation.	» 37.66		
Ensemble.	» 86.74	Economie ou réduction par k. » 61.74	
Leurs bénéfices seraient réduits à.	» 25 »		
Les frais absorbent, comme il est dit ci-contre : Au producteur.	» 25.68		
Aux intermédiaires	» 38.34		
Ensemble.	» 64.02	Economie ou réduction par k. » 41.02	
Ils seraient réduits à.	» 23 »		

AVEC L'ORGANISATION ET LE FONCTIONNEMENT DE LA FACTORERIE CENTRALE PROPOSÉE COMME POUVANT SEULE RÉDUIRE LES FRAIS ET LES INTERMÉDIAIRES.

Les frais et les intermédiaires absorbent par le système actuel, comme il est dit ci-contre, 1 fr. 50.76 par kilo.

AVEC L'ORGANISATION ET LE FONCTIONNEMENT DE LA FACTORERIE CENTRALE PROPOSÉE COMME POUVANT SEULE RÉDUIRE LES FRAIS ET LES INTERMÉDIAIRES.	La consommation profiterait par kilo d'une économie de	» 41 »	1 02.76	Parité 1 50.76
	La production encaisserait en plus par kilo vendu pour son compte	» 61.76		
	Les intermédiaires détaillants pouraient obtenir par kilo	» 25 »	» 48 »	
	Les frais seraient réduits par kilo à	» 23 »		

(1) Nos chiffres et nos faits sont empruntés :

Au *Traité de la police*, de Delamarre; à l'Enquête législative de 1851; aux documents publiés en 1856 sur la question de la boucherie, par le ministère de l'agriculture; à la *Statistique de la France*, au rapport de M. Boulay (de la Meurthe); aux mémoires, documents et rapports faits et fournis par les deux préfectures; aux *Consommations de Paris*, de M. A. Husson, chef de division à la préfecture de la Seine; au mémoire du syndicat de la boucherie, aux mémoires de la Société impériale de médecine vétérinaire; à l'*Économie rurale*, de M. Léonce de Lavergne; à l'*Histoire d'un grain de blé*, de M. L. Millot; à M. Delamarre, *la Vie à bon marché*; à l'*Histoire de la boucherie*, de M. Bizet; aux *Mystères de la boucherie*, de M. Blanc; aux ouvrages ou aux articles quotidiens de MM. Chaptal, Smitzler, Royer, Dupin, Moreau de Jonès Tapiès, Lubersac, Kraczac, Gasparin, Léopold Duras, Rubichon, Benoiston de Châteauneuf, Michel Chevalier, Courcelle-Seneuil, Henri de Riancey, Baudement, Payen, Pommier, Paul Coq, V. Borie, Vitu, J. Burat, Camus, Labiche, Rabaud-Laribière, P. Prévost, Tourdonnet, Béhague, Kergorlay, Chevreul, Magendie, Edwards, Liebig, Pelouze, Dumas, Jourdier, M. Plock, Legoxt, Chemin-Dupontès, P. Rohart, Barral, Lecouteux, Moll, Boussingault, Dupeyrat, Joigneux, et à la pétition adressée à S. M. l'Empereur, en 1855, par les producteurs et engraisseurs de bestiaux.

(2) *Voir le tableau Consommation.*

CONSOMMATION DE PARIS

COMMERCE DES VIANDES DE BOUCHERIE

« La France ne consomme pas; faire qu'elle consomme, voilà le problème qu'il faut résoudre.
» Ce n'est pas le luxe qu'il faut protéger, c'est l'aisance qu'il faut répandre, » disait Sully.
(M. Emile DE GIRARDIN, *l'Impôt*, pages 176 et 183.)

« La viande n'est pas seulement un objet de consommation, un aliment fortifiant et salubre;
» le bœuf est un instrument de travail, et c'est même le plus puissant de tous pour l'agriculture.
» C'est le bétail qui fait le fumier, et le fumier c'est la richesse de la terre. »
(M. DELAMARRE, *la Vie à bon marché*, page 351.)

« Partout, Messieurs, où le gouvernement étend le bras, il doit sentir battre le cœur du pays;
» que l'approvisionnement de la capitale soit dans les mains de l'autorité. »
(NAPOLÉON Ier.)

SYSTÈME ACTUEL.

RÉSULTATS PASSÉS, PRÉSENTS ET FUTURS DU STATU QUO.

COMPTE DU CONSOMMATEUR ET DES INTERMÉDIAIRES

PRIX MOYEN DES 21 CATÉGORIES DE VIANDE NETTE POUR LA CONSOMMATION.
- Avant la taxe, sous l'empire de la taxe et depuis la liberté du commerce de la boucherie, la consommation paie les 21 catégories de viande nette, au prix moyen le kilo . . . 1 81 »

PRODUITS PAR KILO DES INTERMÉDIAIRES.
- Les chevillards s'attribuent, par l'estimation qu'ils font des animaux, la plus-value de . . . . . » 21.40
- Le 5e quartier amélioré, peaux, suif, abats, etc., ci » 25.68
- Plus les « 02 entre 1 05 et 1 08 dépensés par le producteur, ci . . . . . » 02 »
- Recettes totales des intermédiaires . . . . 2 30.08 ci 2 30 08

DÉPENSES OFFICIELLES PAR KILO DES INTERMÉDIAIRES.
- Ils paient la viande nette, par leur estimation depuis trente ans, comme il est dit ci-contre, au prix moyen sur pied de 1 06; nous avons dit 1 05 »
- Ils acquittent les droits municipaux . . . . . . » 12.34
- Les frais d'état accusés au mémoire du syndicat . » 26 »
- Déboursés des intermédiaires . . . . . . 1 43.34 ci 1 43.34

BÉNÉFICES DES INTERMÉDIAIRES PAR KILO SUR LE PRODUCTEUR ET SUR LE CONSOMMATEUR.
- Différence par kilo au profit des intermédiaires. . . . » 86.74

BÉNÉFICES DES INTERMÉDIAIRES SUR LA CONSOMMATION.
- La consommation paie, comme il est dit ci-dessus, avant, pendant et depuis la taxe, le kilo, au prix moyen de . . . . . 1 81 »
- Les intermédiaires déboursent par kilo comme dessus 1 43.34
- 1er bénéfice par kilo sur la consommation. . » 37.66 ci » 37.66

BÉNÉFICES DES INTERMÉDIAIRES SUR LA PRODUCTION.
- La production leur livre un kilo de viande grasse pour 1 05 au lieu de 1 07, ci . . . . . . » 02 »
- L'abatage leur donne, comme il est dit ci-contre, le remplissage en dedans et la chair marbrée, soit . . . . . » 21.40
- Ils ont et vendent pour leur compte le 5e quartier, peaux, suifs, abats, etc., comme ci contre » 25.68
- *2e bénéfice par kilo sur la production.* . . » 49.08 ci » 49.08

Les intermédiaires gagnent donc sur le producteur et sur le consommateur . . . . ci » 86.74

Avec les intermédiaires : La consommation de Paris paie au détail le kilo de viande au prix moyen de . . . 1 81

Sans les intermédiaires : Elle ne paiera plus que. 1 15
Réduction par kilo de viande . . . . » 66

SYSTÈME NOUVEAU.

RÉSULTATS IMMÉDIATS ET FUTURS QU'AMÈNERAIT L'ADOPTION D'UNE FACTORERIE CENTRALE OPÉRANT A COMMISSION DÉTERMINÉE ENTRE L'EXPÉDITEUR VENDEUR ET L'ACHETEUR URBAIN. LA FACTORERIE FAIT COMPTE DE TOUT ET TIENT COMPTE DE TOUT.

COMPTE DU CONSOMMATEUR ET DES INTERMÉDIAIRES.

PRIX PASSÉ, PRÉSENT ET FUTUR DU KILO POUR LA CONSOMMATION AVEC LE SYSTÈME ACTUEL.
- Avant la taxe, sous l'empire de la taxe et depuis l'abolition de la taxe, sous l'empire de la liberté de la boucherie,
- La consommation paie les 21 catégories de viande nette au prix moyen le kilo de . . 1 81

PRIX DU KILO POUR LA CONSOMMATION SANS INTERMÉDIAIRE. (Économie par kilo pour les consommateurs acheteurs de première main. » 66)
- Par le système nouveau et le fonctionnement de la Factorerie centrale proposée,
- La consommation achètera le kilo de viande nette à la criée . . . . 1 »
- Droits municipaux et d'abatage. . . . . . » 15
- Prix du kilo de viande acheté de première main . . . . 1 15 ci 1 15

PRIX DU KILO AVEC INTERMÉDIAIRE. (Économie par kilo pour les consommateurs se servant des intermédiaires » 41)
- Frais d'intermédiaires ou frais d'état et bénéfices des détaillants par kilo . . . . . . » 25
- Elevant le prix du kilo à . . . . 1 40 ci 1 40

BASES, CONSÉQUENCES ET RÉSULTATS DE LA RÉFORME PROPOSÉE

(Tout ce que nous proposons n'est que la réalisation de ce qui est demandé et réclamé depuis soixante-neuf ans.)

Les faits, les dires et les chiffres ci-dessus, que nous avons empruntés aux documents officiels, nous permettent de constater, par des moyennes de 30 ans, les résultats économiques du système actuel du commerce des viandes et du système nouveau à lui substituer, si l'on veut sérieusement faire, pour la dix-neuvième fois, une réforme radicale de tout ce qui a trait à ce commerce dans l'intérêt de la production et de la consommation, ces deux extrêmes de l'édifice social.

DÉDUCTIONS ÉCONOMIQUES DU SYSTÈME ACTUEL.

Les intermédiaires retirent d'un kilo de viande grasse sur pied :
- Par la vente des 21 catégories de viande nette. 1 81 »
- Par la vente des abats en général. . . . . » 49.08
- (Recette par kilo) 2 30.08

La taxe complétée de la première quinzaine de novembre 1857, donnait :
- Comme prix moyen des 21 catégories. . . . . . 1 85 »
- Pour les abats d'après les bases de la taxe. » 23.33
- (Recette par kilo) 2 08.33

(Par des moyennes ou par la taxe la différence n'est pas grande.)

Cette somme de 2 fr. 30 c. 08 par kilo est fournie :
- Par la production. . . . » 49.08
- Par la consommation. . 1 81 »
- soit 2 fr. 30.08.

Elle se répartit comme suit par le système actuel :

Les frais absorbent :
- Au producteur. . . . . » 25.68
- Aux intermédiaires. » 38.34
- soit par kilo. . . » 64.02

Les intermédiaires s'attribuent :
- Sur la production. . » 49.08
- Sur la consommation » 37.66
- soit par kilo. . . » 86.74

(Les frais et les intermédiaires absorbent par kilo : 1 50.76)

Il suit de là que sur un kilo vendu par les intermédiaires 2 fr. 30.08, le producteur ne reçoit que. . . . . » 79.32

DÉDUCTIONS ÉCONOMIQUES RÉSULTANT DE L'ÉTABLISSEMENT DU SYSTÈME NOUVEAU ET DE LA FACTORERIE CENTRALE.

En présence des chiffres résultant des déductions économiques du *système actuel* et du système nouveau, comparés entre eux;

En présence de l'origine de ces chiffres, qui sont tous puisés et empruntés à des *documents officiels* (1);

En présence surtout des RÉFORMES *déjà accomplies et de ce qu'il reste à faire pour les compléter radicalement à la satisfaction des producteurs, des consommateurs et même des intermédiaires utiles à conserver;*

Qu'on nous permette d'établir ici, comparativement, les résultats qui seraient obtenus par l'organisation et le fonctionnement de la Factorerie centrale que nous proposons.

Les intermédiaires s'attribuent :
- Sur la production. . . . » 49.08
- Sur la consommation. . » 37.66
- Ensemble. . . . » 86.74
- Leurs bénéfices seraient réduits à . . . . » 25. »
- Économie ou réduction par kilo. . . . » 61.74

Les frais absorbent, comme il est dit ci-contre :
- Au producteur. . . . . . » 25.68
- Aux intermédiaires. . . » 38.34
- Ensemble. . . » 64.02
- Ils seraient réduits à. . » 23. »
- Economie de frais ou réduct. p. kilo. » 41.02

Ensemble : 1 02.76

La consommation paie, comme il est dit ci-contre, les 21 catégories de viande au prix moyen le kilo. . 1 81 »
Elle ne paierait plus que. . . . . 1 40 »
(Economie ou réduction par kilo. . . . » 41 »)

La production encaisserait p. k. sur pied expédié. 1 41.08
Elle n'encaisse, comme il est dit ci-contre, que. . . . . » 79.32
(Augmentation de recette par kilo. . . . » 61.76)

Somme égale. 1 02.76

Résumé économique en faveur du Projet.

AVEC L'ORGANISATION ET LE FONCTIONNEMENT DE LA FACTORERIE CENTRALE PROPOSÉE COMME POUVANT SEULE RÉDUIRE LES FRAIS ET LES INTERMÉDIAIRES.

Les frais et les intermédiaires absorbent par le système actuel, comme il est dit ci-contre, 1 fr. 50.76 par kilo.
- La consommation profiterait par kilo d'une économie de. . . . . . » 41 »
- La production encaisserait en plus par kilo vendu pour son compte. . . . . . » 61.76
- Les intermédiaires détaillants auraient par kilo. . . . . » 25 »
- Les frais seraient réduits par kilo à . . . . » 23 »
- Parité 1 50.76

(1) Voir le tableau *Production*.

ANNEXE N° 5

ANTÉRIORITÉ

15 JANVIER 1851 — **POURQUOI SEPT ANNÉES D'ESSAIS INFRUCTUEUX POUR ARRIVER AU MÊME RÉSULTAT ?** — **24 FÉVRIER 1859**

Projet de décret ou ordonnance présenté le 15 janvier 1851 par son auteur, L. GIRARD, au gouvernement et à l'administration municipale de la Seine.

Ce projet a pour but la réforme de cette grande question pour ainsi dire séculaire de la boucherie parisienne. Il donne également les bases d'une nouvelle organisation, de tout ce qui a trait au commerce des bestiaux s'occupant de régler les intérêts du producteur aussi bien que ceux du consommateur en supprimant les intermédiaires parasites, cause principale des plaintes de l'agriculture comme de celles du consommateur, et des petits bouchers détaillants.

Approvisionnement général d'animaux sur pied et de viande pour l'alimentation de Paris intra-muros et facultativement intra-fortifications.

Attendu 1° que les marchés à bestiaux aux environs de Paris ne répondent plus aux besoins de notre époque, que les bestiaux arrivent à ces marchés ou aux abattoirs dans de mauvaises conditions ; que les transactions non réglementées s'y font par des intermédiaires et avec des déplacements qui augmentent le prix de l'alimentation ;

Attendu 2° qu'aucune garantie sur la provenance de la viande livrée à la consommation n'est offerte ni par la boucherie de Paris, ni par la boucherie de la banlieue, ni par la criée au marché des Prouvaires ;

Attendu 3° que la boucherie de Paris ne garantit pas suffisamment l'approvisionnement de la capitale ;

Attendu, enfin, que la charcuterie n'offre le plus souvent qu'une nourriture malsaine ;

Il sera créé extra-muros et intra-fortifications, sur le plateau à l'ouest du Père-Lachaise, une *réserve de bétail vivant de toutes sortes,* pour reposer et ne livrer les animaux au marché qu'après examen de vétérinaires compétents.

Cette *réserve*, sous la direction de l'autorité, avec conseil d'éleveurs, herbagers et syndics de boucherie, contiendra des *bouveries, bergeries, porcheries, parcs découverts, abreuvoirs, petit abattoir* avec salle d'*autopsie et de cours*, une *fonderie générale des suifs*, enfin une administration et dépendances.

Il sera aussi créé intra-muros, entre la *réserve et l'abattoir* Popincourt, un *marché central et quotidien de bestiaux de toutes sortes.*

Les ventes y seront faites de gré à gré ou à la criée, selon le désir des *pourvoyeurs*. Le *bétail vivant* sera placé sur un *plateau* indiquant son poids par une aiguille visible à tous. La provenance et l'âge seront aussi visiblement indiqués. Les facteurs délégués de l'autorité, dépositaires de cautionnement, se répartiront les provenances.

La Caisse dite de Poissy y fonctionnera. Elle fera des avances sur consignation *en réserve*. La *mercuriale de tous les bestiaux*, établie d'une manière positive, sera officiellement publiée par le *Moniteur*.

L'*éleveur*, renseigné avant ses livraisons faites, assuré par le factorat de la loyauté des transactions, et par la criée de vendre au maximum des besoins, sera encore encouragé par des primes données en concours aux éleveurs et herbagers faisant les meilleurs envois.

L'abattoir Popincourt devenant insuffisant sera agrandi à son côté ouest. Cet *abattoir principal*, bien placé par rapport aux chemins de fer, est aussi le plus près des *halles centrales*, où se fait la vente à la criée, comme annexe de la vente à l'abattoir.

Les animaux abattus dans cet abattoir et dans tous les autres recevront avant leur sortie une marque indiquant : *Provenance, nature* et jour d'*abatage*. Ainsi marquées, les viandes iront indistinctement à la *criée*, aux *halles*, ou chez les bouchers, intra ou extra-muros.

La partie nouvelle de l'abattoir Popincourt contiendra une *halle, magasin et atelier* pour préparer les viandes destinées à la conservation.

Il sera enfin créé près l'*abattoir Popincourt*, et en bordure sur le *canal*, une *halle aux cuirs verts et secs*. Les cuirs *verts* y seront promptement préparés et enlevés par le *canal* qui apporte le *sel et les peaux* venant du Nord.

Près de la *halle aux cuirs,* une *halle aux suifs*. Un petit pont sur le canal établira de précieuses communications entre les établissements ci-dessus et le centre général des affaires.

Comme conséquence des projets ci-dessus, les *suifferies* actuelles des abattoirs, qui infectent Paris, seraient supprimées et converties en *ateliers de salaison* ou de *fumure* pour les viandes à conserver.

Enfin l'entrée des *viandes dites à la main sera prohibée;* les *viandes marquées aux abattoirs* seront les seules qui circuleront librement dans Paris.

Les viandes *marquées* et destinées à la consommation extra-muros resteront avec leur droit inférieur. Elles jouiront de *drawback* (restitution de droit).

Tout en supprimant les inconvénients de la criée des boucheries parisiennes et foraines et les inconvénients d'intermédiaires et de frais généraux, les auteurs ont cherché à coordonner un ensemble qui ne froisse pas les nombreux intérêts *utilement* engagés dans l'administration ; tout en donnant à Paris même (intra-fortifications) un *approvisionnement*, en viandes, qui lui manque, et une alimentation *saine, régulière* et à *bon marché.*

Enfin le *rendement* de ces établissements serait énorme par rapport à la dépense, et le *projet* faciliterait la solution de la question de la limitation ou de l'illimitation du nombre des bouchers.

(*Projet présenté par son auteur,* L. GIRARD, le 15 janvier 1851.)

Décret impérial rendu le 24 février 1858, sur le rapport de S. Exc. le ministre de l'agriculture, concernant le commerce de la boucherie dans Paris.

NAPOLÉON,

Par la grâce de Dieu et la volonté nationale, Empereur des Français,

A tous présents et à venir, salut :

Sur le rapport de notre ministre secrétaire d'Etat au département de l'agriculture, du commerce et des travaux publics ;

Vu les lois des 2, 17 mars, 14-17 juin 1791, et 1er brumaire an 7 ;

Vu les lois du 14 décembre 1789, et 16-24 août 1790 ;

Vu le décret du 6 février 1811 et celui du 15 mai 1813 ;

Vu l'ordonnance du 18 octobre 1829 ;

Vu les délibérations du conseil municipal de Paris en date des 19 octobre 1855 et 4 décembre 1857 ;

Notre conseil d'Etat entendu,

Avons décrété et décrétons ce qui suit :

Art. 1er. L'ordonnance du 10 octobre 1829, relative à l'exercice de la profession de boucher dans Paris, est abrogée.

Art. 2. Tout individu qui veut exercer à Paris la profession de boucher doit préalablement faire à la préfecture de police une déclaration où il fait connaître la rue ou la place et le numéro de la maison ou des maisons où la boucherie et ses dépendances doivent être établies.

Cette déclaration doit être renouvelée chaque fois que la boucherie change de propriétaire ou de locaux.

Art. 3. *La viande est inspectée à l'abattoir* et à l'entrée dans Paris, conformément aux règlements de police, sans préjudice de tous autres droits appartenant à l'administration pour assurer la fidélité du débit et la salubrité des viandes vendues dans les étaux ou sur les marchés.

Art. 4. Le colportage en quête d'acheteurs des viandes de boucherie est interdit dans Paris.

Art. 5. Il *sera institué* sur les marchés à bestiaux autorisés pour l'approvisionnement de Paris, *des facteurs* dont la gestion sera garantie par un cautionnement, et dont les *fonctions consisteront à recevoir en consignation les animaux sur pied et à les vendre,* soit à l'amiable, soit à la criée, et aux conditions indiquées par le propriétaire.

L'emploi de ces facteurs sera facultatif.

Art. 6. *Tout propriétaire d'animaux jouit,* comme les bouchers, *du droit de faire abattre son bétail* dans les abattoirs généraux, d'y faire vendre à l'amiable la viande provenant de ces animaux, de la faire enlever pour l'extérieur en franchise du droit d'octroi, ou de l'envoyer sur les marchés intérieurs de la ville affectés à la criée des viandes abattues.

Art. 7. Les bouchers forains sont admis, concurremment avec les bouchers établis à Paris, à vendre ou faire vendre en détail sur les marchés publics, en se conformant aux règlements de police.

Art. 8. *La caisse de Poissy est supprimée.*

Les cautionnements des bouchers actuellement versés dans la caisse de Poissy leur seront restitués dans le délai de deux mois, à partir du jour où cette caisse aura cessé de fonctionner.

Art. 9. Les dépenses relatives à l'inspection de la boucherie et au service des abattoirs généraux seront supportées par la ville de Paris.

Art. 10. Les dispositions des décrets, ordonnances et règlements sur la boucherie de Paris, non contraires au présent décret, continueront à recevoir leur exécution.

Art. 11. Le *présent décret sera exécutoire à dater du 31 mars prochain.*

Art. 12. Notre ministre secrétaire d'Etat au département de l'agriculture, du commerce et des travaux publics, est chargé de l'exécution du présent décret, qui sera inséré au *Bulletin des lois.*

Fait au palais des Tuileries, le 24 février 1858.

NAPOLÉON.

Par l'Empereur :

Le ministre secrétaire d'Etat au département de l'agriculture, du commerce et des travaux publics,

E. ROUHER.

www.ingramcontent.com/pod-product-compliance
Ingram Content Group UK Ltd.
Pitfield, Milton Keynes, MK11 3LW, UK
UKHW021011200726
13857UKWH00004B/1394